U0155263

# 读三国 玩数学

DU SANGUO WAN SHU XUE

欧阳维诚 著

湖南教育出版社
·长沙·

图书在版编目（CIP）数据

读三国玩数学/欧阳维诚著. —长沙：湖南教育出版社，2023.5

ISBN 978－7－5539－9340－9

Ⅰ. ①读… Ⅱ. ①欧… Ⅲ. ①数学—青少年读物 Ⅳ. ①O1－49

中国版本图书馆 CIP 数据核字（2022）第 228572 号

# 读三国玩数学

DU SANGUO WAN SHUXUE

欧阳维诚 著

责任编辑：廖冬芳
责任校对：崔俊辉
出版发行：湖南教育出版社（长沙市韶山北路 443 号）
网　　址：www. bakclass. com
微 信 号：贝壳导学
电子邮箱：hnjycbs@sina. com
客　　服：0731－85486979
经　　销：全国新华书店
印　　刷：湖南贝特尔印务有限公司
开　　本：710 mm × 1000 mm　16 开
印　　张：12. 75
字　　数：240 000
版　　次：2023 年 5 月第 1 版
印　　次：2023 年 5 月第 1 次印刷
书　　号：ISBN 978－7－5539－9340－9
定　　价：40. 00 元

# 序

湖南教育出版社数学教材部提出了“中华传统文化与数学”这个选题，计划以中国古典小说四大名著中一些脍炙人口的故事为载体，在欣赏其中的人文、科技、哲理、生活等情境的同时，以数学的眼光解读那些平时不太被人们注意的数学元素，从中提炼出相应的数学专题(包括数学问题、数学思想、数学方法、数学模型、数学史话等)，编写一套别开生面的数学科普读物，通过妙趣横生的文字，文理交融的手法，海阔天空的联想，曲径通幽的巧思，搭建起数学与人文沟通的桥梁，让青少年在阅读经典文学作品时进一步提高兴趣，扩大视野，相互启发，加深理解，获得数学思维与文化精神两方面的熏陶。

这是一个很好的选题，它切中了时代的需要。

著名数学家陈省身说过：“数学好玩”。玩有多种多样的玩法。通过古典名著中的故事创设情境，导向趣味数学或数学趣味的欣赏，不失为一种可行的玩法。

中国古典小说四大名著是中国文学史上的登峰造极之作，早已内化为中华优秀的传统文化并滋润着千万青少年。

《红楼梦》是我国文学史上的不朽之作，称得上艺林的奇峰，大师之绝唱。它所反映的生活内涵的广度和深度是空前的，可以说它是封建社会末期生态的大百科全书。许多《红楼梦》研究者认为：《红楼梦》好像打碎打乱了的七巧板，每一小块都包含着一个五味杂陈、七彩斑斓的世界。七巧板不正是一种数学游戏吗?《红楼梦》中描写的诸如园林之美、酒令之繁、游戏之机、活动之杂等都与数学有着纵横交错的联系，我们可以发掘其中丰富的数学背景。例如估算大观园的面积涉及“等周定理”，探春惊讶几个姐妹都在同一天生日涉及数学中的“抽屉原理”。

《三国演义》是我国第一部不同于比较难读的正史，做到几乎连半文盲都可以勉强看下去的小说，是我国文学史上一个伟大的创举。其中对诸如战争谋略、外交手段、人文盛事、世道沧桑都有极为出色的描写，给读者以更大的启发。特别是它在描写战争方面所显示的卓越技巧，不愧为古典小说中描写战争的典范。其中几乎所有的战争谋略都与数学中的解题策略形成呼应。我们可以通过类比归纳出大量的数学解题策略，如“以逸待劳”“釜底抽薪”等等，虽然是战争策略，但同样可作用于数学解题思想中。

《水浒传》是一部描写封建时代农民革命战争的史诗。它继承了宋元话本的传统，以人物形象为单元核心，构架出一个个富于传奇色彩的情节，波澜起伏，跌宕变化，生动曲折，引人入胜。特别是对于人物个性的描写更是匠心独运——明快、洗练、准确、生动，往往三言两语之间便将人物性格勾画得惟妙惟肖、形神毕具。我们可以从其中的大小场景中提炼出各种同态的数学结构。例如梁山好汉每个人都有一个绰号，可以从中提炼出一一对应的概念，特别是《水浒传》中有许多特殊的数字，可以联系到很多数学问题，如黄文炳向梁中书告密却不能说清“六六之数”，可以使人联想到数学史上的“三十六军官”问题。

《西游记》是老少咸宜、闻名中外的杰作。它以丰富瑰奇的想象描写了唐僧师徒在漫长的西天取经路上的历程。并把其中与穷山恶水、妖魔鬼怪的斗争，形象化为千奇百怪的“九九八十一难”，通过动物幻化的有情的精怪生动地表现出来。猴、猪、龙、虎等各种动物变化多端，神通广大，具有超人的能耐和现实生活中难以想象的作为。它的情节曲折离奇，语言幽默优美，更是一本妙趣横生、兴味无穷的神话书，受到少年儿童的普遍欢迎。书中描写的禅光佛理、绝技神功，都植根于社会生活的投影，根据其各种表现，可以构建抽象的数学模型。《西游记》中开宗明义第一页第一行的卷头诗“混沌未开天地乱”，我们可以介绍数学中“混沌”的简单知识；结尾诗中的“行满三千即大千”，也隐含一个重要的数学问题。

这套书从中国古典小说四大名著中汲取灵感，每本挑选了 40 个故事，发掘、联想其与数学有关的内容。其中包含了大量经典的数学名题、趣题，常见的数学思维方法与解题策略，一些现代数学新分支的浅显介绍，数学史上的趣闻逸事，数学美术图片，等等。除了传统的内容之外，书中还编写了一些较为特殊的内容，如以数学问题的答案为谜面，以成语为谜底的数学谜语，以《周易》中的八卦为工具的易卦解题方法(如在染色、分类等方面)等。

本书是数学科普著作，当然始终以介绍数学知识为主，因此每篇文章的写作，都是以既定的数学内容为主导，再从有关的小说章回中挑选适当的故事作为“引入”的，与许多中学数学老师在上数学课时努力创造“情境”来导入新课的做法颇为相似。

本书参考了许多先生的数学科普著作，特别是我国著名数学科普大师谈祥柏先生主编的《趣味数学辞典》中总结的知识，中国科学院院士张景中先生的数学科普著作中的一些理念和新思维，给了我极大的启发和帮助，谨向他们表示衷心的感谢。

作者才疏学浅，诚恳地希望得到广大读者的批评指正。

欧阳维诚

2020 年 6 月于长沙

时年八十有五

# 目　录

## 一统与三分



## 都在笑谈中

## 战争谋略·解题思想（上）



## 战争谋略·解题思想（下）

# 一统与三分

# 青山依旧在

滚滚长江东逝水，浪花淘尽英雄。是非成败转头空。青山依旧在，几度夕阳红。

白发渔樵江渚上，惯看秋月春风。一壶浊酒喜相逢。古今多少事，都付笑谈中。

《三国演义》一开头，就是这首脍炙人口的《临江仙》，《三国演义》描写了宏大的历史场面，但却可用这首《临江仙》中的两句来概括："青山依旧在，几度夕阳红。"正如唐朝诗人刘禹锡《西塞山怀古》诗中所云"人世几回伤往事，山形依旧枕寒流"。人世间发生了多少兴亡变化，但青山依旧，一点也没有变。

任何事物都在不断地发展变化，但是任何变化的事物中总有不变的东西，而且它往往还是最重要、最能反映事物本质的东西。所以人们在关心事物变化的同时，也积极关心各种变化中不变的因素：生物学家关心遗传基因；物理学家研究基本粒子；哲学家探求普遍规律。中国古老的《易经》是一本研究变化的书，东汉经学家郑玄概括说："易一名而含三义：简易一也；变易二也；不易三也。"这就是说：《易经》提出了宇宙人生、万事万物的一种简化了的模式(简易)，通过模式帮助人们认识事物变化的规律，讨论人类知变、应变、适变的法则(变易)，研究变化中不变的原理(不易)，从而解决各种疑难问题。

数学家更离不开变化中的不变量。各种各样的几何学就是研究在相应的几何变换中保持不变的性质的科学。不仅几何学，各个数学分支中都要研究许多重要的不变量。数学中甚至有一个叫作“不变量”的分支，专门研究数学中各种不变量的性质及其应用。

《三国演义》中写刘备三顾茅庐寻访诸葛亮，第一次没有见到诸葛亮。我们设想刘备在山上住了一宿，第二天才从昨天来的路原路返回，如果他下山的时间和昨天从家里出发的时间相同，一路上他时快时慢，时走时停，到家的时间也恰好和昨天到达诸葛亮家的时间一样。这两天中，刘备一来一往，他一定在同一时间经过同一个地点，你相信吗？

这就是不变量的一个例子，我们很容易找到答案。只要设想有两个人同时走这同一段路程，其中一人从山上往下走；而另一人则从山下往上走，只要两人出发和到达的时间相同，而且始终在同一路上走，就必然在路上的某一点相遇。

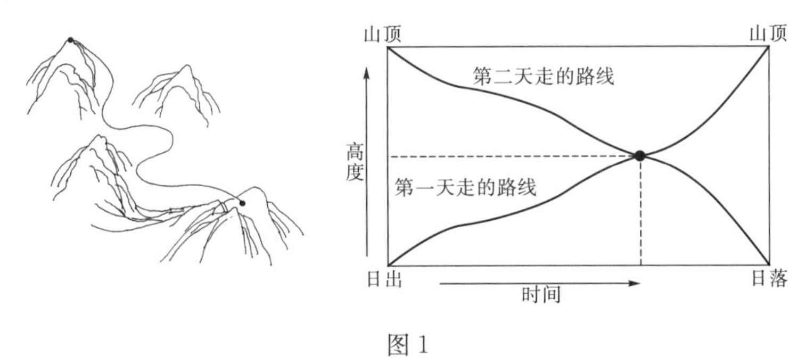


图 1

几何学对此作了如下简单的直观解释：如果两个点在一条线的两侧，那么任何一条以这两个点为端点的线都会与这条线相交（只要不让一条线从另一条线的端点绕过）。

拓扑学中则有一条重要的定理叫作“不动点定理”：

在一个拓扑变换中，一定有不动点。

两个人走一段相同的路，他们运动的轨迹可以看作是同一条曲线段的拓扑变换。

下面我们来玩一个关于不变量的数学游戏：

取三种不同颜色的棋子若干枚，分别代表“魏、蜀、吴”，同色棋子代表同一国的将士，不同色棋子代表不同国的将士。

游戏的规则是三名游戏者各选一种颜色的棋子作为本方棋子，游戏开局时每人任意把若干枚棋子放在桌上，然后进行如下操作：

在桌面上取两枚不同颜色的棋子，把两枚棋子都去掉，同时加上一枚第三种颜色的棋子(两国相争，第三方获利)，称为一次操作。如果桌面上还有不同颜色的棋子的话，又可进行下一次操作，如此继续下去。由于每一次操作都要减少一枚棋子，必然会出现桌上只剩两枚棋子的情况。这时会出现两种可能：

(1)剩下的两枚棋子是同色的，这时操作已无法再进行下去，就算平局，三人不分胜负。

(2)剩下的两枚棋子是不同色的，这时还可以进行一次操作，最后桌上剩下一枚第三色棋子。谁原来选定的是这一颜色的棋子，谁就获胜，其余两人失败。

我们来分析一下，三种颜色的棋子个数虽然是任意数，但不外乎是奇数个或偶数个，可能出现两种状态：

(1)三种颜色的棋子都是奇数个或者都是偶数个；

(2)有一种(不妨设是第一种)颜色棋子的个数与另外两种颜色棋子的个数奇偶性不同。

每进行一次操作后，两种颜色的棋子各减少一个，另一种颜色的棋子则增加一个，三种颜色的棋子都由奇数个变为偶数个，或由偶数个变为奇数个，所以情况(1)仍变为情况(1)；情况(2)仍变为情况(2)。换句话说，在连续的操作中，棋子的总个数虽然在不断地减少，但其个数的奇偶状态(1)和(2)却是不变的。

对于情况(1)，最后有一色棋子的个数变为2，另两色棋子的个数变为偶数0，操作不能再进行，成为平局，不管你是哪种颜色的棋子都无关胜负。

对于情况(2)，第二、第三两种颜色棋子的个数同变为奇数1，第一种颜色棋子的个数变为偶数0，再操作一次就得到唯一的第一种颜色的棋子。在这种情况下，持第一种颜色者就一定能稳操胜券。

显然游戏的胜负是由最初三人拿出的棋子数决定的，是一个随机事件，每个游戏参与者无法事先控制谁胜谁负，但三人所出棋子数目一经确定，则胜负已成定局，无法改变。

这个问题是从一道国外数学竞赛试题改编过来的，那道试题是：

在黑板上写下 1，2，…，$2n$，其中 $n$ 是奇数。一次"操作"是指：在其中擦去任意两个数 $a$ 和 $b$，并写上 $a-b$(大数减小数)来代替，只要黑板上还有两个以上的数，就继续操作，直至最后剩下一个数。请你猜一猜，剩下的这个数是奇数还是偶数。

每次操作使黑板上的数减少了一个，数的个数变化了，各数的和也发生了变化。但不难发现，各数之和的奇偶性是不变的。因为每一次操作，和数减小了 $a+b$，增加了 $a-b$，但 $a+b$ 与 $a-b$ 有相同的奇偶性，所以和数的奇偶性不变。

开始时诸数之和为 $1+2+\cdots+2n=n(2n+1)$ 为奇数。所以，最后剩下的一个数必是奇数。

最后我们再看一道利用不变量解题的例子：

设 $2n+1$ 个整数 $a_1$，$a_2$，…，$a_{2n+1}$具有性质 $P$：

从其中去掉任意一个数后，剩下的 $2n$ 个数可以分成个数相等的两组，使其和相等。

证明：这$(2n+1)$个数都相等。

**分析** (1)因为去掉任意一个数后，剩下的 $2n$ 个数都可以分成和相等的两组，因而剩下的 $2n$ 个数之和为偶数是不变量。因此$(2n+1)$个数中任意一个数都与$(2n+1)$个数的和具有相同的奇偶性。

(2)由 $a_1$，$a_2$，…，$a_{2n+1}$具有性质 $P$，知将每一个数减去某整数 $r$ 之后仍具有性质 $P$(不变性)。特别地，取 $r=a_1$，则得

$0，a_2-a_1，a_3-a_1，\cdots，a_{2n+1}-a_1$

也具有性质 $P$，从而 $a_2-a_1$，$a_3-a_1$，…，$a_{2n+1}-a_1$ 都是偶数。

(3)由 0，$a_2-a_1$，$a_3-a_1$，…，$a_{2n+1}-a_1$ 均为偶数且具有性质 $P$，可得

$$0，\frac{a_2-a_1}{2}，\frac{a_3-a_1}{2}，\cdots，\frac{a_{2n+1}-a_1}{2}$$

仍为整数且具有性质 $P$（不变性），同样地，这 $(2n+1)$ 个数也全为偶数，每个都除以 2 之后仍具有性质 $P$，如此类推，对任意的正整数 $k$，都有

$$0,\ \frac{a_2-a_1}{2^k},\ \frac{a_3-a_1}{2^k},\ \cdots,\ \frac{a_{2n+1}-a_1}{2^k}$$

均为整数且具有性质 $P$，而 $k$ 可为任意整数，只有当

$$a_2-a_1=a_3-a_1=\cdots=a_{2n+1}-a_1=0$$

时才有可能，这就推出 $a_1=a_2=a_3=\cdots=a_{2n+1}$。

# 一统与三分

《三国演义》反映了强烈的正统思想，第八十回的回目“曹丕废帝篡炎刘，汉王正位续大统”就明确地表达了这种思想。它的观点一言以蔽之，就是“天下者汉家之天下也”。汉家即使不行，皇帝也该由姓刘的来做，别姓人不能问鼎！曹丕姓曹，所以是篡汉，汉中王刘备姓刘，才是延续正统。

数学史上非欧几何的出现，彻底颠覆了所谓“正统”的思想。

我们知道，在数学中为了证明某一定理甲，必须有一些已经被证明了的命题乙为其基础；同样地，为了证明乙，又必须有另一些前面已证明的命题丙为其基础。这个过程可以无限地追溯下去。因此，任何一门数学都必须以若干公认其正确而不要求证明的命题为基础，然后从这些原始命题出发，依次推出其他的定理，这些原始命题就称为公理。

谈到数学的公理化，不能不追溯到公元前 3 世纪的古希腊数学家欧几里得。他系统地整理了前人的几何知识，写了《几何原本》一书。在书中他首先提出了一些正确性显而易见的命题作为公理，然后在这些公理的基础上，通过演绎推理，由简到繁地推出了一系列前人已知的或未知的几何定理，内容丰富，论证周密，形成了博大精深的“欧氏几何学”。

《几何原本》的伟大意义在于，它不仅第一次全面地、系统地总结了前人的几何知识，而且第一次用公理法建立了数学演绎体系。它不仅影响了数学，也影响到其他学科，如今许多其他学科体系的建立也都采用了公理化的方法。

不过在数学中，选择某一数学学科系统的公理时，通常要求做到以下三点：

(1)相容性——所有的公理都不能互相矛盾；

(2)独立性——任何一条公理都不能由其他公理推出；

(3)完备性——从这些公理出发，可以按部就班地推出本数学系统的全部定理。

在《几何原本》的公理体系中，所有的公理都明白易懂，其相容性是不成问题的。但是其中有一条平行公理：

过直线外一点，只能作唯一的一条直线与已知直线平行。

人们对这条公理的“独立性”感到怀疑，认为欧几里得把一个不独立的命题放进了公理体系，实在是千虑之一失，是他的不朽之作的白璧微瑕。因此，从《几何原本》问世到19世纪，两千多年中，不少数学家都企图用其他公理去证明平行公理，然而，一切的努力都失败了。无数次的失败，使人们产生了逆向思维：如果否定平行公理，会产生什么样的结果呢？这种新的想法，使人们从黑暗中看到了光明，引起了数学史上的一场革命。

俄国数学家罗巴契夫斯基在否定平行公理的基础上建立了一个没有任何矛盾的几何系统，那是一种与欧氏几何完全不同的几何学。这一几何称为“非欧几何”或“罗巴契夫斯基几何”。在这个新几何学的公理体系中，保留了欧氏几何中除平行公理以外的所有公理，而平行公理则改为与它相反的命题：

“过直线外一点，至少有两条直线与已知直线平行。”

在“罗氏几何”中，有许多与“欧氏几何”迥然不同的定理。例如，在“罗氏几何”中，三角形三内角之和小于180°，并且不同三角形有不同的内角和；两个三角形只要三个角对应相等就一定全等；不存在矩形和相似形；等等。

1826年2月23日，罗巴契夫斯基公开宣读了他的研究成果。然而，在当时任何一种与欧氏几何不一致的几何系统，都被认为是谬论。当时最有影响力的哲学家康德就认为欧氏几何的公理是人类思想所固有的，因而在现实空间中具有客观真实性。罗巴契夫斯基的理论，违背了两千多年来的传统思想，动摇了欧氏几何“神圣不可侵犯的权威”，同时也违背了那个时代人们的常识。他的学说一发表，便遭到了社会上一系列的嘲弄和攻击。许多数学权威称罗氏学说是“荒唐透顶的伪科学”。

但是罗巴契夫斯基坚信自己的方向是正确的，罗氏几何要取得合法地位，仅靠能推演出一系列无矛盾的非欧几何定理是不够的，问题还在于罗氏几何是否也能像欧氏几何一样，能够描述康德所说的“现实空间”，甚至更好一些。这就要求人们必须在“现实空间”中找到一个模型，它满足欧氏几何中除平行公理以外的所有公理，但并不满足平行公理。这样的模型终于被找到了。最简单的一个模型是由克莱因给出的。在这个模型中，把“平面”理解为由一个半径无限大的圆中的点构成，圆周上的点则一律看作无穷远点。这个平面称为 $P$ 平面，圆内的弦称为“直线”，“点在直线上”“直线通过点”“两直线相交”等概念与欧氏几何相同。两条不相交的弦称为平行直线，如图 1 所示，过 $C$ 点的直线 $ED$，$GF$ 都与直线 $AB$ 平行。可以证明，这样定义了点、直线、相交、平行等概念之后，它完全满足欧氏几何中除了平行公理之外的所有公理。这个简单的模型就完全解决了由罗巴契夫斯基学说引起的所有问题。

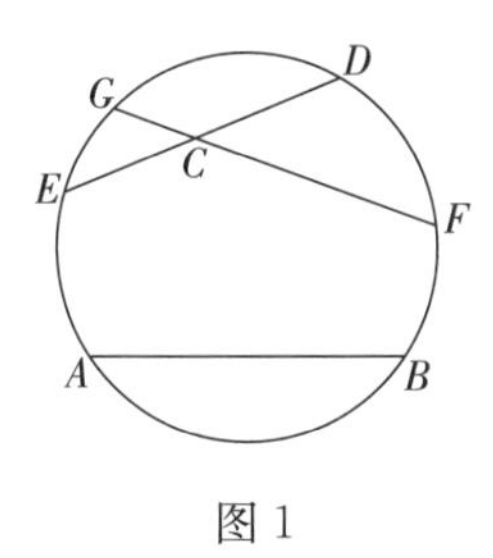

图 1

1854 年，德国青年数学家黎曼(Riemann，1826—1866)在哥廷根大学作了《论奠定几何学基础的假设》的报告，提出了更为一般的几何空间——广义黎曼空间。由黎曼空间的特例便可得到普通欧氏空间(抛物线空间)、罗巴契夫斯基空间(双曲线空间)和狭义黎曼空间(椭圆空间)。从此，围绕着平行公理，有了三种不同的几何学：

欧几里得几何(抛物线型)——过直线 $l$ 外的一点 $P$ 在同一平面内有且仅有一条直线与 $l$ 平行。欧几里得几何的空间曲率为零(类似平面)，它的三角形内角和等于 180°(如图 2)。

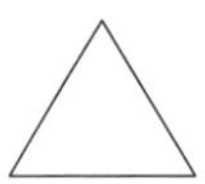

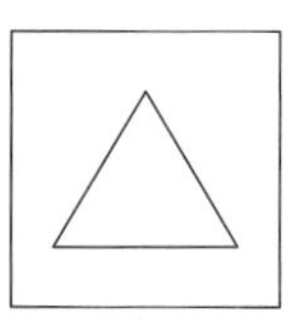

图 2

罗巴契夫斯基几何(双曲线型)——过直线 $l$ 外的一点 $P$ 在同一平面内至少有两条直线与 $l$ 平行。罗巴契夫斯基几何的空间曲率为负(类似马鞍面)，它的三角形内角和小于 180°(如图 3)。

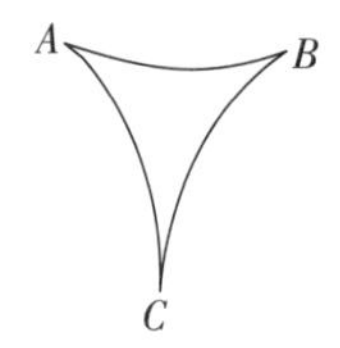


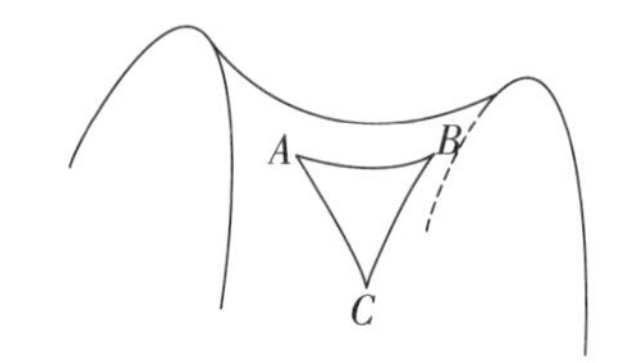


图 3

黎曼几何(椭圆型)——没有平行的直线。黎曼几何的空间曲率为正(类似球面)，它的三角形内角和大于 180°(如图 4)。

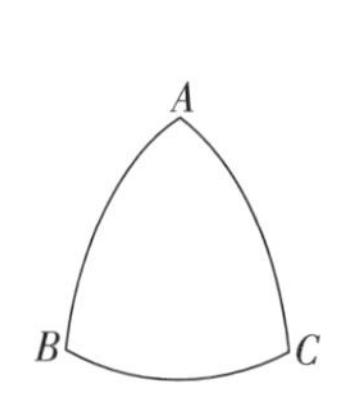


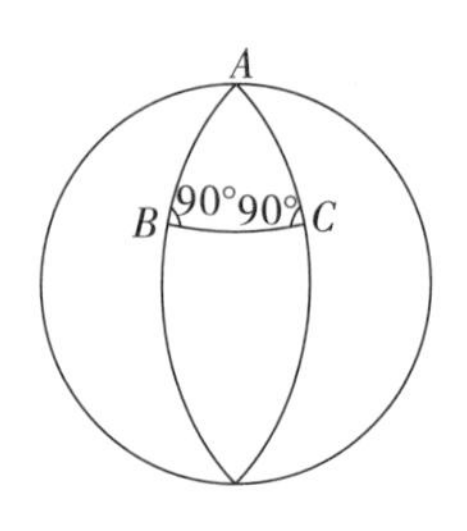


图 4

也就是说，过直线 $l$ 外的一点 $P$ 而平行于 $l$ 的直线，无论是恰有一条、不止一条或一条也没有，都可以分别建立起自己的一套几何学，它们各行其道，各自描述和解释着现实空间。

但是三种几何学又是统一的，它们都同样描写了现实空间。一般地说，只要所考虑的范围不太大(例如几百万平方千米)，使用欧氏几何非常方便。但是如果要描述整个宇宙空间，罗氏几何就更高明一些了。图 5 和图 6 分别是荷兰画家埃舍尔的杰作《圆极限Ⅳ》和《圆极限Ⅱ》，它们都反映了非欧几何的思想：图 5 中的白色天使与黑色魔鬼的大小是一样的；而四位天使的翼尖与四个魔鬼的翼尖的交点则与图 5 在罗氏几何意义下的对称群密切相关。

图 5

图 6

非欧几何的建立，改变了人类对真理的认识：真理是相对的，世界是多元的。

# 最稳定的三角形

《三国演义》的第一个故事就是“宴桃园豪杰三结义”，东汉末年，天下纷争，豪杰并起，战事频仍，生灵涂炭。刘备、关羽、张飞三人在涿郡相遇，一见如故，决定结为异姓兄弟，协力同心，共图大事。次日，便于桃园中，备下乌牛白马祭礼等项，三人焚香盟誓：“念刘备、关羽、张飞，虽然异姓，既结为兄弟，则同心协力，救困扶危；上报国家，下安黎庶；不求同年同月同日生，只愿同年同月同日死。皇天后土，实鉴此心，背义忘恩，天人共戮!”誓毕，按照年龄的大小，拜玄德为兄，关羽次之，张飞为弟。

古往今来，文人们已经用各种方式来描述和评论过“桃园三结义”的故事，数学家们又能拿什么来比喻和评论桃园结义呢？笔者觉得我们可以用三角形的三顶点来表示刘、关、张的“桃园三结义”。

三角形具有稳定性，它有一个外接圆，圈定了它的范围，即“上报国家，下安黎庶”的共同“大计”；它也有一个内切圆维系着它的核心，即兄弟之情，君臣之义。正因为如此，不管风吹浪打，他们的三角形始终是稳定的。但只要去掉了一个顶点，三角形便不复存在，另外的两个顶点也随之消失了。

三角形是几何学的基础，有着极为丰富的内容。既然我们把“桃园三结义”比喻为三角形，就让我们欣赏几个三角形的有趣性质吧。

## 1. 正三角形的外接圆与内切圆

刘备三顾茅庐的时候，诸葛亮向他提出了著名的隆中对策，要刘备外结孙权，内修政理，然后再不断扩大事业。按照这个思路，我们来做一个数学游戏。

如图 1 所示，画一个正三角形，作它的内切圆(内修政理)，再作它的外接圆(外结孙权)。接下去作这个外接圆的外切正方形(扩大事业)；再作这个外切正方形的外接圆和此外接圆的外切正五边形；接着作正五边形的外接圆和此外接圆的外切正六边形，如此继续。于是我们得到一系列由小变大的圆和正多边形，这些圆依次外接于而且内切于一系列的正多边形：

第一个圆内切于正三角形；

第二个圆外接于正三角形而内切于正方形；

第三个圆外接于正方形而内切于正五边形；

第四个圆外接于正五边形而内切于正六边形；

余可类推，一般地，第 $n$ 个圆外接于正 $n+1$ 边形而内切于正 $n+2$ 边形($n\geqslant 2$)。

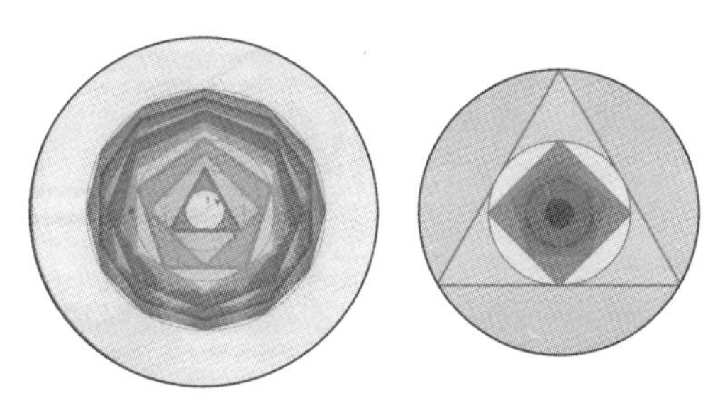

图 1

图 1 所示的模式清晰地显示了，如果无限次地重复这个过程，就需要更大的圆与边数更多的正多边形，随着正多边形的边数不断增加，圆的半径也就会越来越大。那么，在不断重复作图的过程中，这些正多边形与圆是否会变得无限大呢？

同样也可以通过内切的方法对一个开始设定的圆重复这样的过程。这样不断缩小的过程最终会让最里面的圆变得无限小吗？而最小的内切多边形有多少条边呢？

让人惊讶并且违背直觉的答案是：外接圆不会变得无限大，内切圆也不会变得无限小，两者都会存在一个有限的固定值。设第一个圆的半径为 1 个单位，则最大圆半径的极限的大小是 8.7 个单位，而内切圆半径的极限则是 $\frac{1}{8.7}=0.1149\cdots$个单位。在这两个例子里，限定的多边形会有无数条边，最终变成一个圆。1940 年卡斯纳与纽曼率先给出了这个问题的答案，他们公布的结果是 12 个单位，在当时被认为是正确的。直到 1965 年布坎普才给出了正确的答案(8.7 个单位)。

图 1 是精心设计出来的极具美感的图形，图中表明，边数无限增加的正多边形与有限大小的圆形之间，增长范围是有限的。这是不是意味着靠“桃园三结义”这种方式的力量维系、发展的事业，其发展空间也是非常有限的？

## 2. 斯蒂瓦特定理

在三角形中，经常涉及求某一线段长度的问题，英国哲学家、爱丁堡大学数学教授斯蒂瓦特(Stewart，1717—1785)提出了一个有趣的定理：

如图 2，设 $E$ 为 $\triangle ABC$ 中 $AB$ 边上的任一点，令 $BC=a$，$AC=b$，$AB=c$，$AE=p$，$BE=q$，$CE=d$，则有

$$a^2p+b^2q=d^2c+pqc \quad ①$$

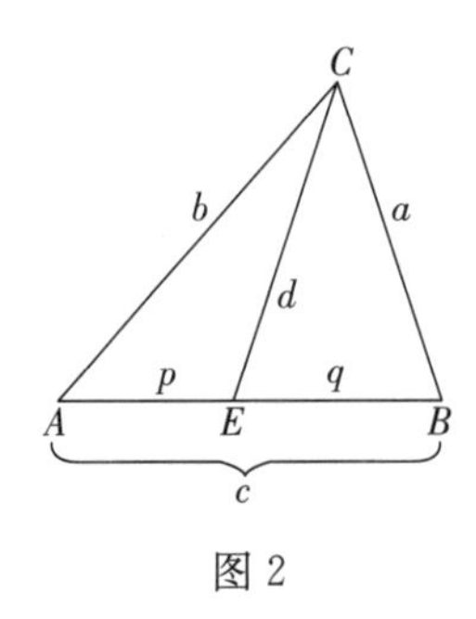


图 2

下面我们给出它的简单证明。

**证明** 在 $\triangle BCE$ 和 $\triangle AEC$ 中，分别应用余弦定理，有

$$a^2=d^2+q^2-2qd\cos\angle BEC \quad ②$$

$$\begin{aligned}b^2&=d^2+p^2-2pd\cos\angle(180^\circ-\angle BEC)\\&=d^2+p^2+2pd\cos\angle BEC\end{aligned} \quad ③$$

②$\times p+$③$\times q$，并注意 $p+q=c$，即得 $a^2p+b^2q=d^2c+pqc$。

如图 2，当 $CE$ 平分 $\angle ACB$ 时，依内角平分线的性质，有

$\frac{b}{a}=\frac{p}{q}$，利用合比定理可得 $\frac{a+b}{a}=\frac{p+q}{q}=\frac{c}{q}$。

所以 $q=\frac{ac}{a+b}$；同理 $p=\frac{bc}{a+b}$。从而 $a^2p+b^2q=\frac{a^2bc+b^2ac}{a+b}=abc$。

根据斯蒂瓦特定理：

$$a^2p+b^2q=d^2c+pqc$$

将 $a^2p+b^2q$ 之值代入上式，即得

$$d^2=ab-pq$$

这就是著名的斯库顿(Schooten，1615—1660)定理：

三角形内角平分线长的平方，等于夹该角两边的乘积与它分对边的两线段乘积之差。

### 3. 拿破仑三角形

拿破仑·波拿巴(1769—1821)是受过有关科学教育的国家元首，他经常出席巴黎科学院的会议，在远征埃及时，他带着科学考察团随军到达尼罗河岸。拿破仑也称得上数学家，他对几何学特别感兴趣。传说他能准确简练地表述和证明下面提到的定理：

拿破仑定理：如图 3，以任意$\triangle ABC$ 的三条边为边长向外作等边$\triangle ARB$、$\triangle BPC$、$\triangle CQA$，则三个等边三角形的中心 $O_1$、$O_2$ 和 $O_3$ 是另一等边三角形的顶点。

现在我们来证明：以$\triangle ABC$ 三边为边长向外作的等边三角形，其三个外接圆相交于一点。事实上，$\triangle ARB$ 与$\triangle AQC$ 的外接圆，除了在顶点 $A$ 相交外，还在$\triangle ABC$ 内的某点 $D$ 相交。将圆内接四边形定理应用于四边形 $ARBD$ 和 $ADCQ$ 中，得$\angle R+\angle ADB=180°$。此外，$\angle ADB=\angle ADC=120°$(因为根据题意，$\angle R=\angle Q=60°$)。因此，$\angle BDC=360°-(\angle ADB+\angle ADC)=120°$。又$\angle P=60°$，可得$\angle P+\angle BDC=180°$。再利用圆内接四边形定理(逆定理同样成立)，可以作出结论：四边形 $BPCD$ 的顶点 $D$ 应当在外接于$\triangle BPC$ 的圆上，连接三个等边三角形中心的线段(即 $O_1O_2$，$O_1O_3$，和 $O_2O_3$)，垂直于两两相交的圆的公共弦，即弦 $CD$、$BD$ 和 $AD$。因此

$\angle O_3O_1O_2$ 和$\angle BDC$ 的边互相垂直，这两个角要么相等，要么其和为 180°。类似的结论对于$\angle O_1O_2O_3$ 和$\angle ADC$、$\angle O_2O_3O_1$ 和$\angle ADB$ 也是正确的。但因为$\triangle O_1O_2O_3$ 的内角和只能等于 180°，我们上面讨论的每个角不是 120°，而是 60°，这就证明了$\triangle O_1O_2O_3$ 的每一个内角都是 60°，所以$\triangle O_1O_2O_3$ 是正三角形。

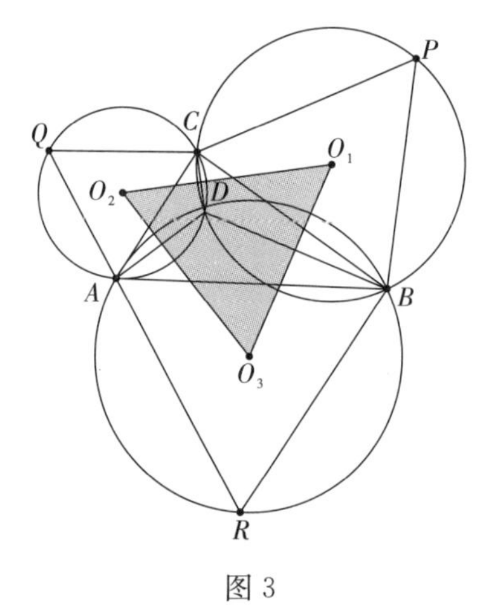

图 3

# 长坂坡七进七出

小时候读《三国演义》，当读到第四十一回赵子龙在当阳长坂坡七进七出，冲杀曹营，如入无人之境的那段描写时，心里的那份激动，实在难以形容。我对赵子龙的超群武艺和英雄气概，佩服得五体投地。时移世易，科学技术发展到今天，在现代化的战争中，赵子龙这种“匹夫之勇”，大概已没有多大的实际意义了。不过，当年我们争论的一个看来有些可笑的问题，却至今记忆犹新：赵子龙从曹营中七进七出，走的是同一条道路呢？还是不同的道路呢？或者有时走的是老路，有时又是杀开一条新路呢？

刘备从荆州一路败退而来，仓皇逃往夏口，一定是一路且战且走。赵子龙从曹军中七进七出，一方面为了赶上不断往前面溃逃的大部队，另一方面又要尽量避开随后追杀过来的曹军，大概不可能走重复的路线吧。换句话说，杀进去的路随后即被曹军追兵堵死，必须从曹军疏于防备或来不及组织阻击的另一条路杀出来；下一次又必须从另外一条薄弱的路线杀进去……不妨设想，赵子龙每次杀进杀出，都会经过不同的路线，如图 1 所示。

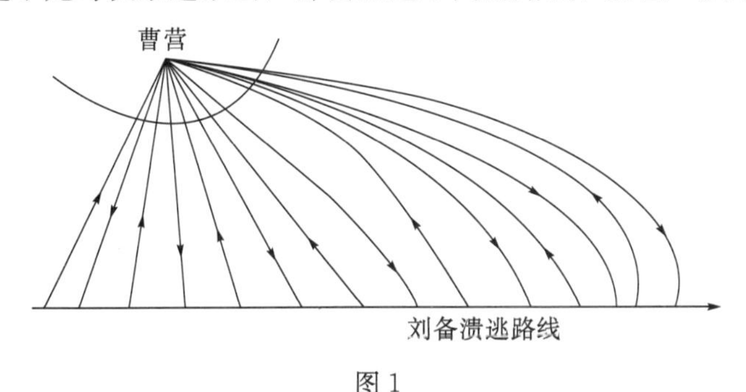


图 1

不难理解，如果赵子龙每次进出都不走重复路线，“七进七出”就要走 14

条不同的路线。如果再来个“八进八出”“九进九出”，那就要分别走 16 条或者 18 条不同的路线。总之，不管几进几出，如果不走相同的路线，那么所走路线条数恰好是“进”或“出”次数的两倍，总是一个偶数。

虽然这个简单的道理谁都知道，但是谁能设想，它却涉及数学史上一个著名的数学问题，并促使一个新的数学分支诞生。这个著名的数学问题就是“七桥问题”。

在 18 世纪，东普鲁士有一个叫作哥尼斯堡的城市，有一条大河流经这个城市，河中有两个小岛，大河把全城分割成 4 块互不相连的陆地。人们在河上架了 7 座桥，把 4 块陆地像图 2 所示的那样连接起来。

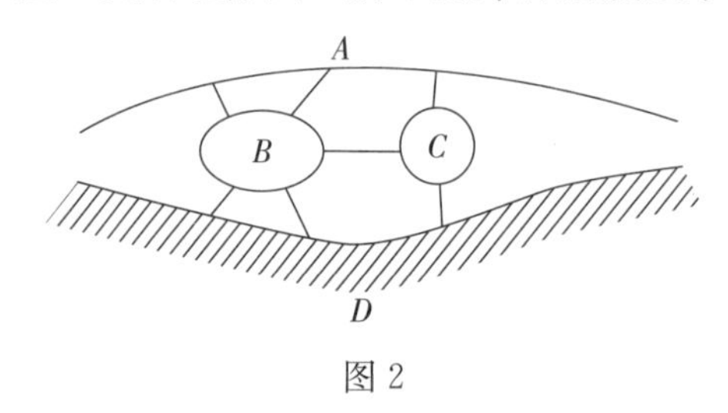


图 2

当时哥尼斯堡的许多市民都热衷于解决这样一个问题：

一个散步者能否从某一块陆地出发，不重复地走过每座桥一次，最后回到原来的出发点。

这就是有名的“哥尼斯堡七桥问题”。

这个问题似乎不难解决，试验起来也比较容易，不论年纪大小，不分文化高低，谁都可以亲自试一试。所以吸引了许多人都来试验，但是谁也没有成功。于是有人写信向当时著名的数学家欧拉(Euler，1707—1783)求教。欧拉毕竟是一位伟大的数学家，他收到求教信以后，并没有去重复人们已经失败了多次的试验，而是产生了一种直觉的猜想：许多人千百次的失败，是否意味着这样的走法根本就不存在呢？于是欧拉将这个问题进行数学抽象，把它转化为图 3 那样的网络图。他用 $A$、$B$、$C$、$D$4 个点表示 4 块陆地，用两点间的一条连线表示连接这两块陆地之间的一座桥，就得到一个由一些点和点之间的连线所组成的图形，这样的图形称为网络图。图 3 就是表示“七桥问题”的一个网络图。

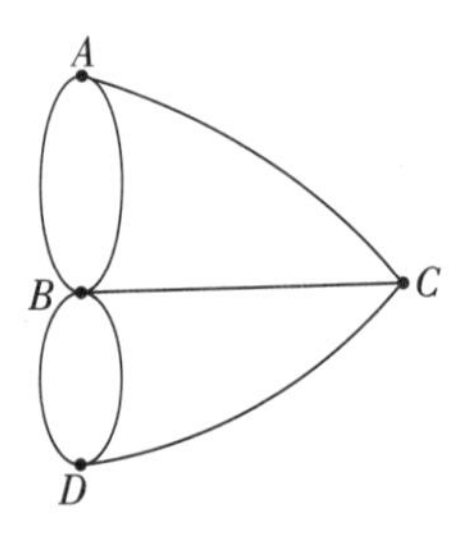


图 3

“七桥问题”能否解决，实际上就转化为了像图 3 那样的网络图能否“一笔画”的问题。什么叫“一笔画”呢？即笔不准离开纸，每条线只许画一次，不重复地画出整个图形。1736 年欧拉终于严格证明了像图 3 那样的网络图是不可能“一笔画”的，从而也就证明了“七桥问题”所要求的那种走法是不存在的。

为什么像图 3 那样的网络图不能一笔画呢？我们从更广泛的意义上来回答这个问题。一个网络图如果从它的任何一个顶点出发，沿着网络图的线可以到达任何一个其他顶点，则称这个网络图是连通的，否则称为不连通的。在图 4 中，像 $A$、$B$ 那样的顶点，它与奇数条线相连($A$ 与 3 条线相连，$B$ 与 1 条线相连)，称为奇点；而像 $D$、$E$ 那样的顶点，它们都与偶数条线相连($E$ 点与 4 条线相连，$D$ 点与 2 条线相连)，则称为偶点。

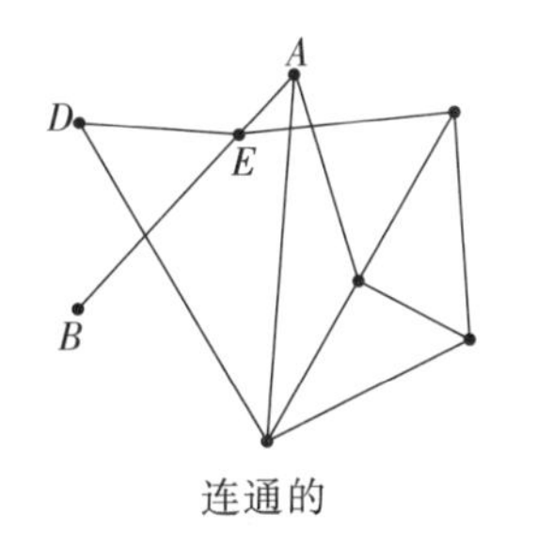

连通的

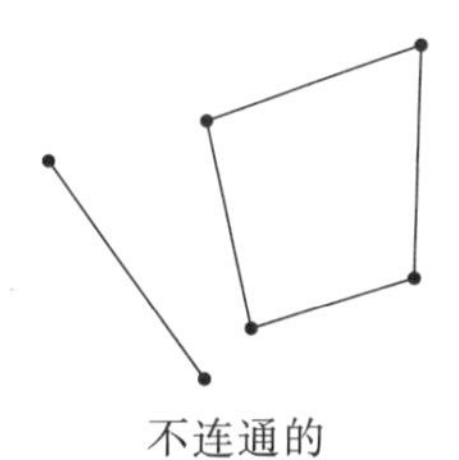
不连通的

图 4

不连通的网络图当然不可能一笔画，对于连通的网络图，网络理论断言：

一个连通的网络图如果它的奇点恰好是零个或两个时才可以一笔画，否则就不可以一笔画(起点与终点不要求一定重合)。

这个结论的证明十分简单：如果一个图形可以一笔画，除了画笔的起点和终点之外，中间经过的任何一个点(例如图 5 中的 $G$ 点)，由于它不是起点，画笔必须沿着某一条线到达；当画笔到达这点之后，又由于它不是终点，必定还要沿另一条新的线离去，一进一出，两两配对，只有对于偶点才有可能。奇点是不能作为中间点的，因为奇点与奇数条线相连，所以要么进入这点的线比离开这点的线多一条，要么离开这点的线比进入这点的线多一条。所以奇点在一笔画时只能作为起点和终点。但一笔画只有一个起点和一个终点，最多能有两个奇点。当一个网络图中的奇点多于两个时，就一定不能一笔画出。

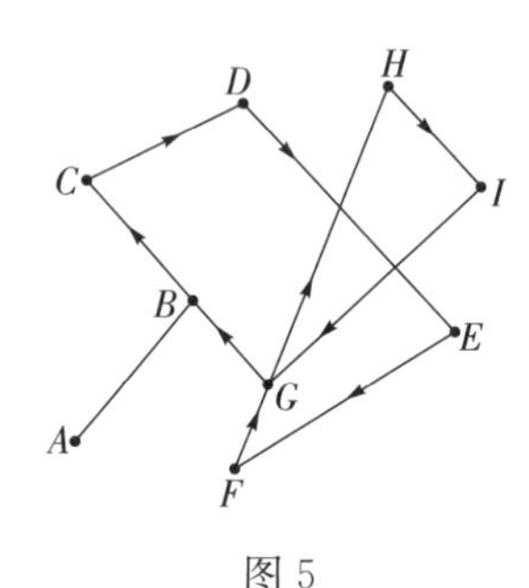


图 5

如图 5，只有 $A$、$B$ 两个奇点，所以一定可以一笔画出，不过 $A$ 与 $B$ 一定要作为起点和终点。一种可能的画法是

$A—B—C—D—E—F—G—H—I—G—B$。

至于“七桥问题”的网络图(图 3)，$A$、$C$、$D$ 三点都与 3 条线相连，$B$ 与 5 条线相连，它们都是奇点，即图 3 中有 4 个奇点，所以是不能一笔画出的。换句话说，“七桥问题”所要求的那种走法是不存在的。

欧拉为了解决“七桥问题”而建立了网络理论，这一重要的数学分支及其应用都已经得到极大的发展，它在工程管理、信息传播、交通运输、程序设计等领域中都有十分出色的应用。

作为练习，请你看看下面的图 6：

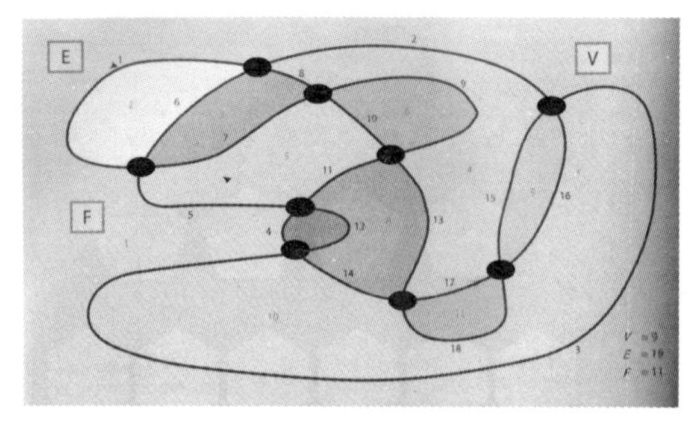


图 6

(1)你能一笔画出这个图吗？

(2)数一数图中有几个顶点($V$)，几条线($E$)，几个面($F$)，它与多面体的欧拉定理($V+F=E+2$)有什么关系？

# 从一个珠算造型谈起

《三国演义》第三十七回写刘备三顾茅庐恭请诸葛亮出山，这是一个脍炙人口的故事。诸葛亮在著名的《前出师表》中回忆这段历史时写道："臣本布衣，躬耕于南阳，苟全性命于乱世，不求闻达于诸侯。先帝不以臣卑鄙，猥自枉屈，三顾臣于草庐之中，咨臣以当世之事，由是感激，遂许先帝以驱驰。"三顾茅庐的故事和《前出师表》都写得很美。

现在请你做一个乘法：

59786881437×16＋8008＝?

乘法看不出什么特点，也没有什么美感，但是当你算出结果后：

$$\begin{aligned}59786881437\times16+8008 &= \underline{95659}\ \underline{010}\ \underline{2992}+\underline{8008}\\ &= 956590111000\end{aligned}$$

你会发现中间算式出现了连续的回文数 95659，010，2992，8008，已经开始显现出一些美感。特别地，有一位珠算家把最后乘积在算盘上表示出来后，把右边三颗算珠比作刘、关、张三兄弟，左边五列 14 颗算珠比作茅庐的门墙，中间的一颗算珠比作高卧的诸葛亮，并把它命名为"三顾茅庐"，这时候，就给人以更大的美感了。

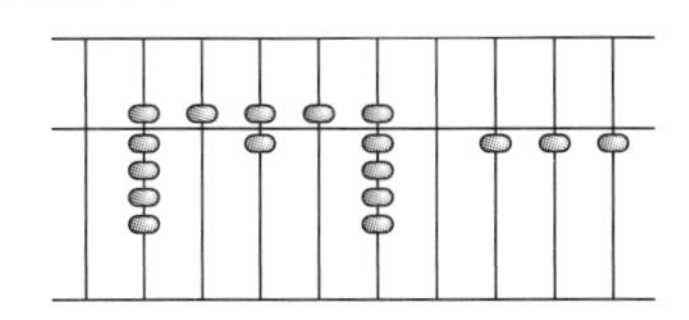

爱美之心，人皆有之。人们能欣赏文学艺术之美，但却难以欣赏数学之美。数学和文学艺术一样，都是人类心灵的创造，这种创造与文学艺术的创造并无二致，既然文学艺术中有美，数学中有没有美呢？回答是肯定的。

罗素在《神秘主义与逻辑》一书中写道：

“公正而论，数学不但拥有真理，而且也具有至高无上的美，正像雕刻的美，是一种冷峻严肃的美。这种美不迎合我们天性的软弱，这种美没有绘画或者音乐那些华丽的装饰，却极为纯净，能够达到最伟大的艺术才能显示的那种完满的境地。”

另一位英国数学家哈代在《一个数学家的辩白》(1940年)一书中则写道：

“数学家的造型与画家或诗人的造型一样，必须美；概念也像色彩或语言一样，必须和谐一致。美是首要标准，不美的数学在世界上是找不到永久的容身之处的。”“数学的美很难定义，但它却像任何形式的美一样的真实——我们很可能不知道什么才算是美的诗，但这丝毫也不妨碍我们在朗读一首诗时去欣赏它的美。”

既然数学美是客观存在的，那么数学美又表现在哪些方面呢？

亚里士多德强调美的主要形式是“秩序、匀称与明确”。数学家庞加莱也曾指出：数学的美就是各个部门之间的和谐、对称及恰到好处的平衡。一句话而言，那就是秩序井然，统一协调。人们根据这一观点，把数学美的表现归纳为简洁、对称、统一和新奇。

过去，由于数学的确太抽象，陌生的符号、复杂的公式，使大多数人望而生畏甚至望而生厌，走进数学如堕入五里雾中，哪里还谈得上审美？数学的美对大多数人来说都是未曾体验甚至难以想象的美，那是一种只有经过长期艰苦探索之后才能领略到的美。

用算盘来构造数学的美，操作的空间是十分有限的，可是现在的情况不同了。由于电子计算机图像显示系统的发展，某些新兴的数学分支使一切发生了变化。例如，混沌动力学就是通过计算机开辟的一个新的数学领域，虽然它所涉及的数学知识与其他数学分支相比，同样艰深，同样抽象，但是它所获得的结果却可以在计算机的屏幕上显示出来。无论是数学家还是门外汉都能亲眼看到美的图案。这类图像中有一类称为分形，有的分形非常之美。寻找和创造美的分形已经成为一门新兴的绘画艺术。1985年，德国歌德学院开始在世界各地巡回展出他们的分形创作。他们的展出在大学数学院和群众艺术馆都大受欢迎。电影工业也很快意识到这门新数学的潜力，数学的更多概念正被应用于科幻影片的图像制作。因此，随着计算机和图像识别系统的进一步发展，数学美将越来越被更多的人所接受。

图 1　美丽的分形

我们都熟悉多项式 $x^2+c$. 当 $x$ 和 $c$ 都是实数时，它的图象是平面上的一条抛物线，是一个对称图形。当 $x$ 和 $c$ 都是复数的时候，它的图象是什么呢？法国数学家朱利亚(Julia，1893—1978)潜心研究了对这一多项式进行不断迭代的情况。

$x^2+c$ 的迭代是这样一种运算：从任何一个选定的值 $z_0$(初始值)开始，将 $z_0$ 平方再加上 $c$，得到 $z_1$；再把 $z_1$ 平方加上 $c$，得到 $z_2$；再把 $z_2$ 平方加上 $c$，得到 $z_3$，…，如此不断地继续下去，就得到一系列的复数：

$z_0$，$z_1$，$z_2$，$z_3$……

因为复数与平面上的点一一对应，所以每一次迭代都可以看作一个点到另一个点的一次跳跃。像在实数中的情形一样，跳跃点的集合可以设想为一条轨迹或轨道。这种轨迹或轨道的边界有分形结构，称为朱利亚集。改变 $c$ 的值可以产生各种美丽的对称图象，有的像飘浮的层云，有的像丛生的灌木，有的像飞舞的烟花，有的像蜷缩的海马……千姿百态，争奇斗艳，但都是美丽的、对称的图形。如图 2 所示，是几个朱利亚集的图象：

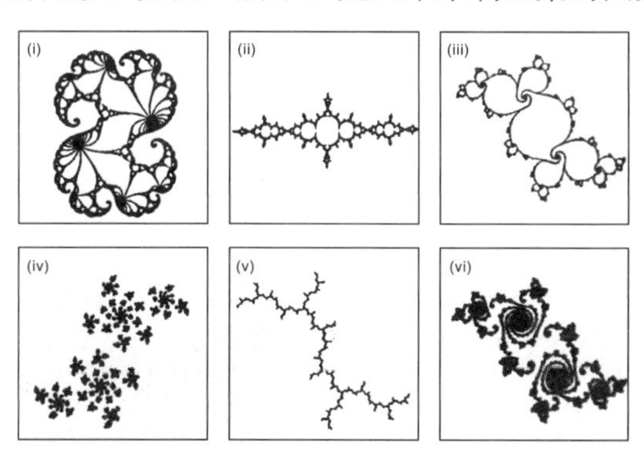


图 2　朱利亚集的图象

抽象数学的美已经能很好地用画面表示出来，在普通大众和数学家中都受到欢迎，大众欣赏其美丽、新奇的图案，数学家领会这些艺术珍品的数学背景，各取所需，各得其乐。

早在文艺复兴时期，许多艺术大师就非常重视艺术和数学之间的关系，例如绘画与射影几何、黄金分割等的关系。随着某些艺术家数学水平的提高，他们通过艺术创作向人们展示数学的美。数学艺术家往往会广泛地运用多面体、镶嵌、不可能图形、莫比乌斯带、分形等数学知识去进行多主题的创作。

图 3 是一个中心辐射式铺砌图案，所用元件是一个各边不相等的五边形，它已被加工精制成银质挂件，其中涉及数学中的铺砌与对称群的理论。图 4 是荷兰画家埃歇尔创作的一件雕刻艺术品，十二朵花呈螺旋状，有点像海螺或长春花，花瓣的顶尖便是十二面体的顶点，整个图案是在球面、多面体、对称群的理念下构作的。

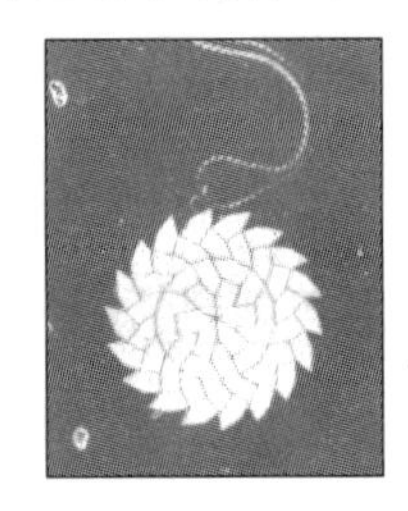

图 3　典雅绚丽的挂件

图 4　花团锦簇的多面体

艺术家们还重视在装饰和平面铺砌中的镶嵌之美。“镶嵌”，从一般意义上来说，就是将几何形状以马赛克的方式铺满整个平面。今天镶嵌技术正在突飞猛进，研究者们利用对称、反射、旋转等方法，创造出了许多丰富的、美丽的、颜色错落的、非周期性的“镶嵌”图案。这些图案新奇绚丽、美不胜收。

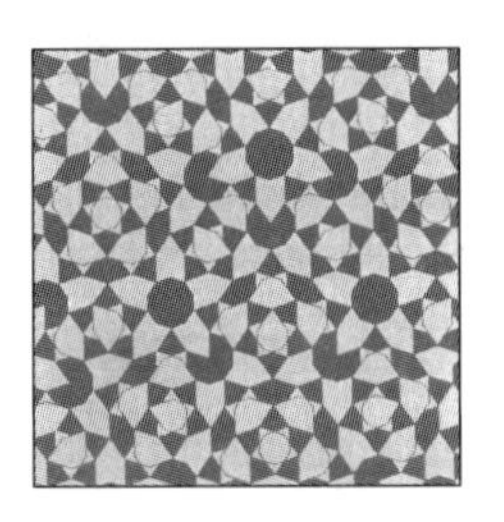

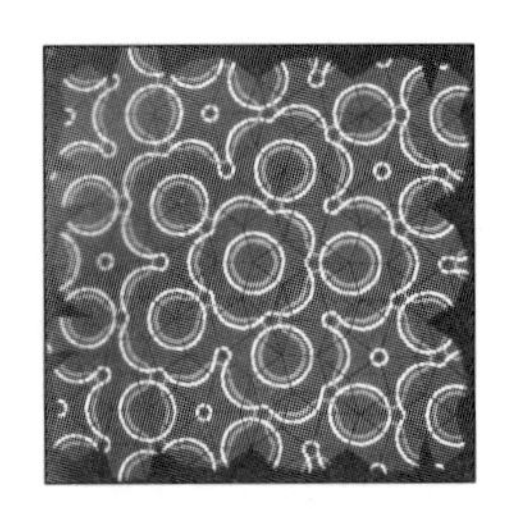

图 5　美丽的镶嵌图案

# 青梅煮酒论英雄

《三国演义》第二十一回中有一段精彩的描写。曹操剪除吕布之后，权势日增，挟天子以令诸侯。刘备新败，兵微将寡，无尺寸之地可以安身立命，只好暂时依附曹操。为了避免曹操猜疑，刘备不得不韬光养晦，每日灌园浇菜，装作已经胸无大志的样子。但是曹操对刘备并不放心，想摸清刘备的底。于是趁青梅熟时，邀刘备到小亭共饮。酒至半酣，曹操忽然问刘备：谁是当世的英雄？刘备当然也清楚曹操的用心，便故意装痴卖傻地把各路诸侯一一列举出来，说他们是当世的英雄，但都被曹操一一否定了。最后，叱咤风云的英雄人物，屈指算来，只剩下刘备与曹操了。这时，曹操才踌躇满志地宣布："今天下英雄，惟使君与操耳!"刘备一听，大惊失色，连手中的筷子都掉到了地上。幸亏这时天上响起了一声惊人的闷雷，曹操以为刘备是被雷声吓坏了，便不无鄙夷地嘲笑刘备："丈夫亦畏雷乎?"刘备便将错就错地借口怕雷，把受惊失态的事情掩饰过去。

曹操把刘备和自己并列为当世的英雄，其实是并不相称的。纵观整部《三国演义》，看不出刘备有哪些可以和曹操相提并论的地方，刘备只是曹操最后一个要否定的对象，说穿了就是"天下英雄惟吾曹操耳!"

曹操在逻辑论证上使用了"穷举法"。

所谓"穷举法"，就是在讨论一个问题时，把所有可能的情况都列举出来，一个不重，一个不漏，然后对各种可能情况逐一分析，去掉不符合条件的，留下符合条件的，最后作出结论。用穷举法来论证问题看起来有些原始，有些笨拙，但却是逻辑论证中不可或缺的方法，也是数学史上一种屡建奇功的方法。

在运用穷举法论证问题时，一定要把各种可能出现的情况一一列举出来，做到一个不重、一个不漏，特别要注意一个不漏。重则造成浪费，漏则可能导致错误。

还是曹操，大概由于生前树敌太多，恐怕死后有人掘其坟墓，便在漳河一带造了72个疑冢，这样一来，人们就难以找到曹操的墓了。但是后人有诗曰："直须尽发疑冢七十二，必有一冢藏君尸。"诗人也使用了穷举法：对72座疑冢一个一个地掘下去，只要没有遗漏，曹操的确是埋在72冢之中的话，他的尸骨就总会被挖出来。不过《聊斋志异》中有一篇《曹操冢》，那篇小说中说曹操的墓竟在72冢之外，这样看来，那位诗人的穷举法存在遗漏。

在许多以侦破为题材的影视剧或小说中，常常使用穷举法。某处突然发生了疑案，侦破人员便将所有可能的犯罪嫌疑人一一列举出来，然后逐个调查取证，逐个排除，最后视线集中到一两个人身上，最终找出真正的犯罪嫌疑人。看多了这样的描写，读者也许觉得千篇一律，单调乏味。但是实际的侦破工作确实离不开穷举法。如果说，过去使用穷举法侦破案件时，需要花费大量的人力、物力和财力，那么在监控器到处设置的大数据时代，侦破工作变得容易许多。

数学中更是处处离不开穷举法，数学史上有许多著名的难题，都是靠着穷举法解决的。

**例1**　数数看，图1中一共有几个三角形？

如图2，将图1中的点标上字母，图2中包含内外两个正五边形，所有三角形的顶点都分布在两个五边形上。我们就三角形顶点所在的位置分类讨论：

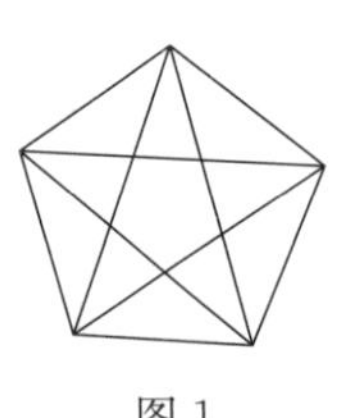

图1

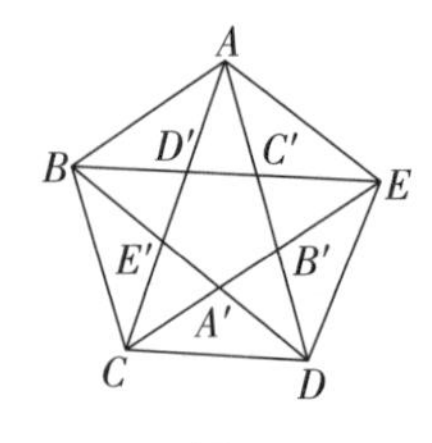


图2

(1)三角形的三个顶点都在外五边形 $ABCDE$ 上。这样的三角形的个数是5点中任取3点的组合数，共有 $C_5^3=10$(个)。

(2)三角形的两个顶点在外五边形 $ABCDE$ 上，另一个顶点在内五边形

$A'B'C'D'E'$上，则对五边形$A'B'C'D'E'$的任一顶点，例如$A'$，$A'$点把四边形$BCDE$分成4个三角形($\triangle A'BC$、$\triangle A'CD$、$\triangle A'DE$和$\triangle A'EB$)，所以这样的三角形共有$5\times4=20$(个)。

(3)三角形的一个顶点在外五边形$ABCDE$上，另两个顶点在内五边形$A'B'C'D'E'$上。这时对五边形$ABCDE$的任一顶点，例如$A$，只能与五边形$A'B'C'D'E'$的边$C'D'$形成一个三角形$AC'D'$。所以这样的三角形共有$C_5^1=5$(个)。

综上所述，共有三角形$10+20+5=35$(个)。

这个例题比较简单，需要一一列举的情况不多，故可以直接列举，做到不重不漏。有的问题需要列举的情况太多，那就要考虑有没有比较巧妙的方法控制必须列举的项目，做到以一驭万、以简驭繁。

**例2** 英国著名侦探小说作家柯南·道尔在他的名著《福尔摩斯探案集》中，特意安排了一段情节，让福尔摩斯用穷举法去解一道数学难题。解题的过程显示出了福尔摩斯运用穷举法的能力，这大概也是他能成为一个著名侦探的必备条件之一吧。

福尔摩斯有一天到朋友华生医生家去作客，听到外面庭院里一大群孩子的喧闹声，便问华生医生有几个孩子。华生医生并没有正面回答客人的问题，却说出了一道颇有难度的数学题。

客人：请问你家有几个孩子?

主人：那些孩子不完全是我的，是四家人的孩子。我的孩子最多，弟弟的孩子其次，妹妹的更其次，叔叔的孩子最少。虽然他们还不够按9人一行排成两行，但却可以把整个院子闹得乱七八糟、天翻地覆。不过，说来也巧，如果把我们四家的孩子数乘起来，其积正好等于我家的门牌号数。至于我家的门牌号数，您是知道的啦!

客人：哈哈！我过去在学校里的数学成绩还不错，让我试试把每家的孩子数算出来吧！但对于这个问题，已给的信息还不能得出结论，请您告诉我，您叔叔的孩子是一个呢，还是不止一个?

华生医生回答了这个问题之后，福尔摩斯马上准确地说出了各家孩子的数目。

大侦探是怎样算出各家孩子数的呢？根据以上的资料(包括福尔摩斯最

后的提问和华生医生的回答），你能算出各家的孩子数吗？

这个问题表面看来似乎很难，其实如果能巧妙地使用穷举法，即使在不知道门牌号码，也不知道叔叔的孩子是一个还是不止一个的情况下，也是不难解决的。

设叔叔、妹妹、弟弟、华生的孩子数依次为 $A$、$B$、$C$、$D$，则 $A$、$B$、$C$、$D$ 要满足三个条件：

(1) $A+B+C+D\leqslant 17$；

(2) $A<B<C<D$；

(3) $A\times B\times C\times D=n$(门牌号数)。

由条件(1)知，若 $A>2$，则 $A+B+C+D>3+4+5+6=18$，与(1)矛盾。

所以叔叔的孩子数 $A=1$ 或 $A=2$。福尔摩斯只要把满足条件(1)与(2)的所有可能的 $A$、$B$、$C$、$D$ 都一一列举出来，并算出它们的乘积，其中至少有一个乘积等于门牌号数。如果乘积等于门牌号数的四数组($A$，$B$，$C$，$D$)只有一个，福尔摩斯就不必问叔叔的孩子数而直接说出正确的答案了。所以至少有两个四数组，其各数乘积等于门牌号数。如果乘积等于门牌号数的四数组中 $A=1$ 或 $A=2$ 时各有一个的话，福尔摩斯只要知道叔叔的孩子数，就能说出正确的答案。

若 $A=2$，则 $B$、$C$、$D$ 最小为 3、4、5，$A\times B\times C\times D=2\times 3\times 4\times 5=120$，即门牌号数不小于 120。

四数组乘积的情况还有：

$A\times B\times C\times D=2\times 3\times 4\times 6=144$，

$A\times B\times C\times D=2\times 3\times 4\times 7=168$，

$A\times B\times C\times D=2\times 3\times 4\times 8=192$，

$A\times B\times C\times D=2\times 3\times 5\times 6=180$，

$A\times B\times C\times D=2\times 3\times 5\times 7=210$，

$A\times B\times C\times D=2\times 4\times 5\times 6=240$。

若 $A=1$，则门牌乘积不小于 120 的四数组只有 4 个：

$A\times B\times C\times D=1\times 3\times 5\times 8=120$，

$A\times B\times C\times D=1\times 3\times 6\times 7=126$，

$A\times B\times C\times D=1\times 4\times 5\times 6=120$，

$A \times B \times C \times D = 1 \times 4 \times 5 \times 7 = 140$。

因为至少有两个四数组的乘积等于门牌号数，所以门牌号数只能等于120。

即符合条件的四数组有三个：(1，4，5，6)，(1，3，5，8)，(2，3，4，5)

如果叔叔的孩子只有一个，福尔摩斯仍然无法确定各家的孩子数。因此各家的孩子数必然分别是2、3、4、5，门牌号数是120。

在本题中使用穷举法时，结合了极端原理，略去了许多中间数，使得穷举过程变得简便一些。

**例3** 2022年的高考数学试题普遍反映较难，但是第5题却出奇地容易。那道题是这样的：

从2至8的7个整数中随机取2个不同的数，则这2个数互质的概率为

A. $\frac{1}{6}$　　B. $\frac{1}{3}$　　C. $\frac{1}{2}$　　D. $\frac{2}{3}$

**解** 把随机取的两个数$a$和$b(a<b)$组成的数对记作$(a, b)$，由7个整数组成的数对有$C_7^2 = \frac{7 \times 6}{2} = 21$(个)。将其中两个数不互质的数对逐一列举出来：

$a=2$时不互质数对有(2，4)，(2，6)，(2，8)，共3个；

$a=3$时不互质数对有(3，6)，共1个；

$a=4$时不互质数对有(4，6)，(4，8)，共2个；

$a=6$时不互质数对有(6，8)，共1个。

所以两个数互质的数对有$21-(3+1+2+1)=14$(个)。

故所求的概率为$\frac{14}{21} = \frac{2}{3}$。

其实这个题虽然简单，却有极为深刻的高等数学的背景。

查尔特勒斯做过一个下面的试验：

他叫50名学生每人随机写出5对正整数，然后统计得到，250对正整数中互质的有154对，得到概率$\frac{154}{250}$。由高等数学的理论计算得到，两个随机正整数互质的概率为$\frac{6}{\pi^2}$，代入计算得：

$$\pi \approx \sqrt{6 \times \frac{250}{154}} \approx 3.12。$$

与真实的$\pi$值接近。

# 秦宓的天文学

《三国演义》第八十六回写了这样一个故事：

赤壁之战以后，蜀吴联盟关系破裂。刘备白帝城托孤之后，诸葛亮决定与东吴重修旧好，派邓芝出使东吴，游说孙权，重新联合抗魏。孙权接受了蜀国的意见，派谋士张温随同邓芝入川通好。张温到了蜀地，受到了蜀国君臣的高规格接待。张温便有点目中无人、得意忘形起来。在一次宴会上，酒至半酣，忽然有一人醉醺醺地闯进宴会厅，昂然长揖，入席就座，根本没把张温这位贵宾放在眼里。张温十分不悦，便问孔明："此何人也?"孔明告诉他，此人乃益州学士秦宓。张温便讽刺地笑道："名称学士，未知胸中曾'学事'否?"秦宓也反唇相讥。张温便要当堂考秦宓的学问，秦宓欣然同意，骄傲地说："我上通天文，下知地理，还怕你考吗?"张温笑道："你既然自称懂得天文，我就以天为问。"于是两人便在席间问难起来。

张温："天有头乎?"

秦宓："有。《诗经》上说：'乃眷西顾。'从这里推断，天不但有头，而且头在西边。"

张温："天有耳乎?"

秦宓："有。《诗经》上说：'鹤鸣九皋，声闻于天。'没有耳怎能听呢?"

张温："天有脚乎?"

秦宓："有。《诗经》上说：'天步艰难。'没有脚怎能走路呢?"

接下去张温无言以对，只得避席谢罪："想不到蜀中多出俊杰，刚才听了先生的宏论，使我顿开茅塞。"

读者读了这个故事一定觉得张温与秦宓的问答十分滑稽可笑。张温的提问固然刁钻古怪，而秦宓回答问题的根据，并不是来自对“天”本身的知识，而是以《诗经》上有没有相应的诗句为根据。而张温对秦宓的回答，并不追究其是否真有道理，只要是《诗经》上有的就认为正确。因此，秦宓所谓的“天”，只能是建立在《诗经》基础上的天，与他所说的天文地理的“天”并没有任何关系。别看秦宓与张温的问答近乎荒唐，但是如果把《诗经》中的有关语句作为公理，那么秦宓与张温就建立了他们自己的“天文学”。

今天许多科学体系的建立都采用公理化的方法，欧几里得的几何学建立了公理化方法的典范。有趣的是，在古代数学的两大学科中，虽然几何很早就使用了公理化方法，但是代数却一直在归纳式地发展，使用公理化方法较晚。

意大利数学家皮亚诺（Peano，1858—1932）最先给出了自然数的公理，他从不经定义的“集合”“自然数”“后继者”与“属于”等概念出发，规定了关于自然数的五条公理：

(1)1 是一个自然数；

(2)1 不是任何其他自然数的后继者；

(3)每一个自然数 $a$ 都有一个后继者；

(4)如果自然数 $a$ 与自然数 $b$ 的后继者相等，则 $a$ 与 $b$ 也相等；

(5)若一个由自然数组成的集合 **N** 含有 1，又若当 **N** 含有任一数 $a$ 时，它一定也含有 $a$ 的后继者，则 **N** 就含有全部自然数。

此外皮亚诺还采取了关于相等的自反、对称和传递公理。

值得注意的是，今天包括我国在内的许多国家都把 0 归入了自然数，皮亚诺关于自然数的公理体系也要作相应的修改。

我们也许不太熟悉皮亚诺关于自然数的公理体系，但对其中的第 5 条公理，即数学归纳法公理应该是十分熟悉的，下面我们看几个数学归纳法的例子。

**例 1**　令 $P_n$ 表示用 $n$ 条直线把圆分成的最多部分数，求 $P_n$。

**解**　由图 1 易知，当 $n=1, 2, 3, 4$ 时，最多能把圆分成 2、4、7、11 个部分。

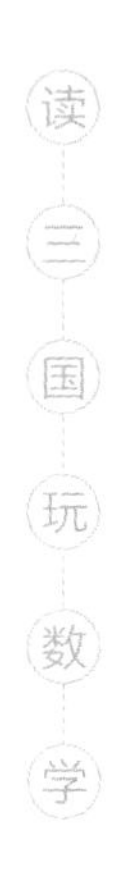


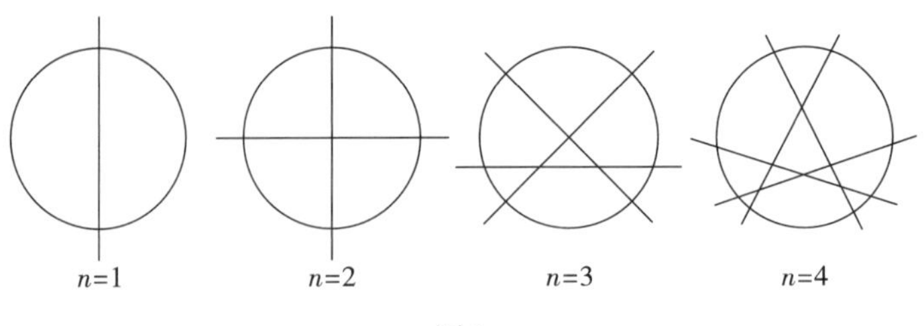


图 1

它符合一个众所周知的通项为$\frac{n(n+1)}{2}+1$的数列。利用数学归纳法可以证明，对于所有的 $n$，都有

$$P_n=\frac{n(n+1)}{2}+1 \quad ①$$

当 $n=1$，2，3，4 时，①式已经成立。

若对于 $n$ 条直线①式成立，则加入第$(n+1)$条直线后，第$(n+1)$条直线最多被前 $n$ 条直线分成了$(n+1)$段，每一段把它原来所在的区域再一分为二，增加了$(n+1)$个区域，所以

$$P_{n+1}=P_n+(n+1)=\frac{n(n+1)}{2}+1+(n+1)=\frac{(n+1)(n+2)}{2}+1$$

即对于$(n+1)$条直线，①式也成立。根据数学归纳原理，①式对所有的正整数 $n$ 成立。

**例 2**　在凸$(2n+1)$边形的每个顶点涂上三种颜色之一，同时任意两个相邻的顶点不同色。试证：这个$(2n+1)$边形可被不相交的对角线分割成这样的三角形——三个顶点均涂不同的颜色。

**证明**　用数字 1、2、3 表示颜色，在所考察的$(2n+1)$边形中，每条边的端点以不同的数字标记，我们用数学归纳法来证明。

对于三角形的情况$(n=1)$，顶点是用三个不同的数字 1、2、3 标记，并且不能再分割，命题的结论成立。

假设对任意的$(2n-1)$边形，其顶点按上述方式标记，我们能用不相交的对角线将它分割成所需的三角形。现考察$(2n+1)$边形。

为此，我们先证明：如果$(2n+1)$边形的顶点按上述方式标记，那么总可以找到三个连续的顶点，标记的数字为 1、2、3。

如果不然，那么对任意三个连续的顶点，都不能三个数字 1、2、3 同时出现，不妨设它们都标 1 或 2。根据假设，与标 1 的点相邻的顶点只能标 2，与标 2 的点相邻的顶点只能标 1。因此，必定有连续四顶点组，标记为 2121(或 1212)。与这四顶点组首尾相邻的顶点，根据假设将分别标记为 1 和 2，因此便有六个连续的顶点组标记 121212(或 212121)。如此继续，结果得到 $2n$ 个连续顶点依次标记着 1212…12(或 2121…21)，最后第$(2n+1)$个顶点，因为既与标 1 的第一个顶点相邻，又与标 2 的第 $2n$ 个顶点相邻，为了满足任何两个相邻顶点不同色的条件，不得不标记数字 3。所以$(2n+1)$个顶点中必有标记不同数字的三个连续顶点。设它们的次序是 1、2、3。将其相邻(左边和右边)的顶点并入，所得的五点组有且只有四种情况(图 2)：

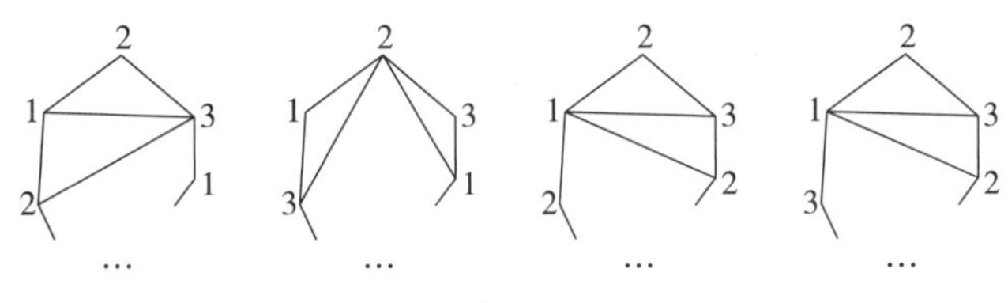

图 2

所有这些情况，都可以将$(2n+1)$边形用不相交的对角线分割出两个所需的三角形(见图 2)，同时，余下的$(2n-1)$边形仍然满足题设条件。根据归纳假设，我们可以将其分割成所需的形式。

# 地图与四色定理

《三国演义》第五十九、六十回写道：益州牧刘璋杀了汉宁太守张鲁的母亲和弟弟，因此两家结下了深仇。张鲁欲兴兵取川，探马急报刘璋，刘璋闻讯大惊，急派益州别驾张松赴许都求见曹操，游说曹操兴兵攻取汉中，以图张鲁。张松行前却暗自画了西川地理图本藏在身上，带从人数骑，取路赴许都求见曹操。但是张松在许都受到曹操的冷遇，便转向荆州，去见刘备。在荆州，刘备给予张松高规格的接待，张松十分感动，便把随身携带的地图献给了刘备，为刘备日后进取西川创造了极为有利的条件。

谈到地图，一定会使我们联想到数学史上有名的“四色问题”。

什么是“四色问题”呢?

根据惯例，在绘制彩色地图时，任何两个相邻地区都必须使用不同的颜色，才能保证区别，这是一个原则。这个原则中的所谓“相邻地区”，其所指的意义是：

第一，两个地区必须至少有一段公共的边界才叫作相邻，否则就不叫相邻，像图 1(a)中的 $A$ 和 $B$ 两个区域有一段公共的边界，是相邻的，但 $A$ 和 $D$ 那样的两个区域只有一个公共点就不叫相邻。

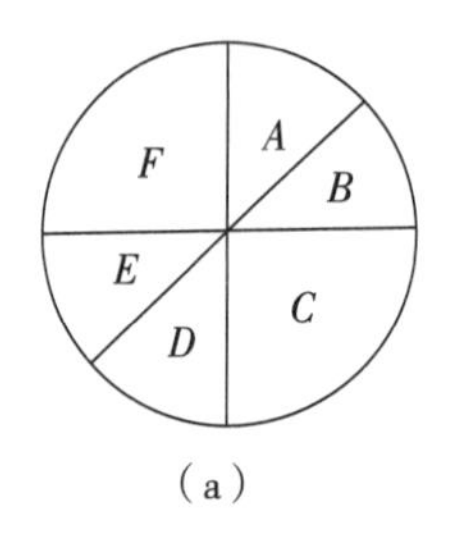

(a)

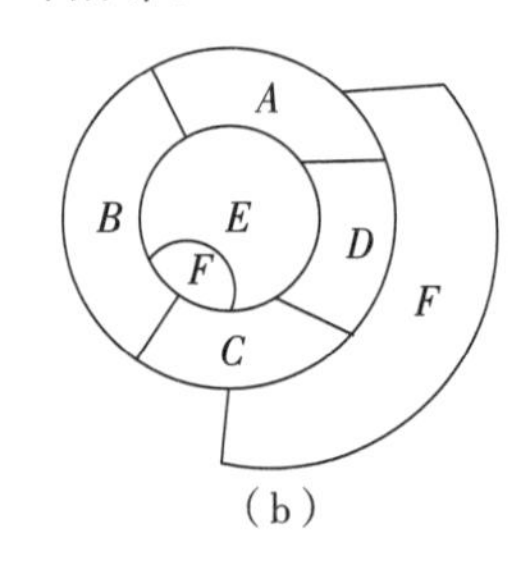

(b)

图 1

第二，每个地区都要是连通的。也就是说，在这个地区内，从任何一点可走到另一点，而不需要越出边界。像图 1(b)中区域 $F$ 分作了不相连的两块，就是不连通的。

人们很早就发现，任何地图，不论其区域多少，也不论其分布怎样复杂，只要有四种不同的颜色，就一定可以找到一种着色的方法，使得相邻的区域都有不同的颜色。以下为了说话的简便，我们把满足这种要求的着色方法称为“合理着色”。于是有人提出猜想：

任何地图，只要使用四种不同的颜色，就一定能找到一种着色的办法使得相邻的区域都有不同的颜色。

人们称它为“四色猜想”。

数学家很快就发现，如果只有三种颜色，是不可以“合理着色”的。例如像图 2 那样的地图就不可能用三种颜色“合理着色”。

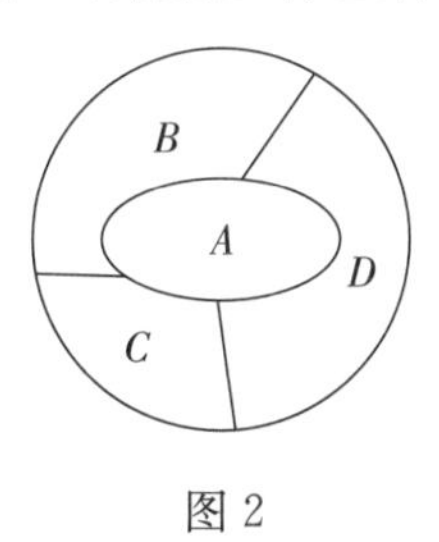


图 2

证明“四色猜想”的问题，最早是由莫比乌斯于 1840 年提出来的。“四色猜想”刚提出来时，并没有引起数学界的重视，连一些一流的数学家也低估了它的难度。

以后一个多世纪，一直没有人能证明这个“四色猜想”。一直到现代超大型电子计算机问世以后，这个猜想的证明才出现了转机。1976 年美国伊利诺伊大学的两位科学家阿佩尔和哈肯在计算机专家的协助下，成功地运用了一种“不可避免性理论”，从一万多张地图中挑选了近 2000 张进行检验，对每一张使用 20 万种可能的方法着色。计算机经过了 1200 小时的计算，做了 100 亿个逻辑判定，终于在 1976 年 6 月解决了这一数学史上的“悬案”，证明了“四色猜想”是正确的。从此，“四色猜想”就成为“四色定理”。

1879 年，数学家肯普给出过“四色猜想”的一个“证明”，但 1890 年，希伍德发现了肯普的“证明”中存在着错误。不过，值得庆幸的是，希伍德在指出肯普的错误的同时，却得到一个重要的“副产品”：

用 5 种不同的颜色总可以将一张地图“合理着色”。

人们称之为“五色定理”。有趣的是，证明“四色定理”十分困难，证明“五色定理”却出人意料地简单。下面简介一下证明“五色定理”的思路。

我们只讨论各区域的边界都是由线段或圆弧组成的简单多边形，每个顶点都恰好是 3 条边相交的那种地图(这种图称为正则图)，如图 3 所示的那种地图就是正则图。

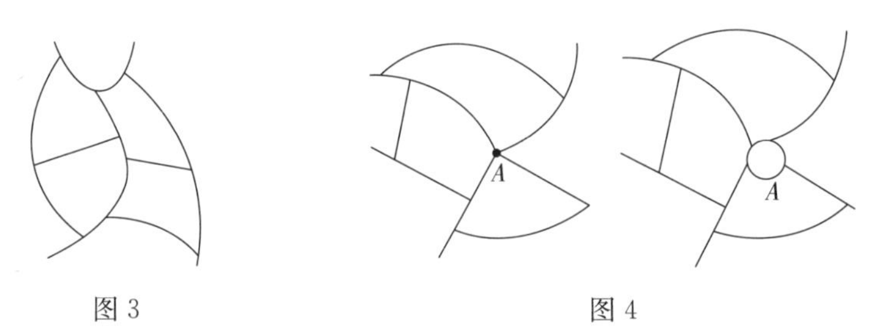


图 3　　　　　　　　图 4

如果某一顶点处相交的边多于 3 条，例如图 4 中的 $A$ 点，只要将该点扩大为一个圆，把小圆当作某一区域，那么所有的顶点处就都只有 3 条边相交了，如果新得的正则图可以用 5 种颜色“合理着色”，着色后将此圆再缩成点，返回到原来的地图仍然是“合理着色”的。所以，我们只对正则图证明“五色定理”就可以了。

首先证明：每一个正则图中一定有一个区域的边数小于 6。

用 $F_n$ 表示正则图中边数为 $n$ 的区域的个数，要证明正则图中有一个区域的边数小于 6，只要能证明 $F_2$，$F_3$，$F_4$ 和 $F_5$ 中，至少有一个不为 0 就可以了。例如，如果有 $F_4$ 不为 0，这就意味着，至少有一个区域它的边数为 4。用 $F$ 表示一张正则图中区域的总个数，则

$$F=F_2+F_3+F_4+F_5+\cdots \quad ①$$

因为每条边都有 2 个顶点，而每个顶点连 3 条边，如果用 $E$ 表示弧数，$V$ 表示顶点数，就有

$$3V=2E。 \quad ②$$

另一方面，以 $n$ 条边为边界的区域有 $n$ 个顶点，而每个顶点又属于 3 个区域，所以又有

$$3V=2F_2+3F_3+4F_4+\cdots \quad ③$$

根据欧拉公式，图中的区域数 $F$、边数 $E$、顶点数 $V$ 之间具有关系：

$$V-E+F=2, \quad ④$$

将④乘以 6，得

$$6V-6E+6F=12,$$

由②得 $6E=9V$，代入上式得

$$6F-3V=12,$$

再将①和③分别代入上式，即得

$$4F_2+3F_3+2F_4+F_5-F_7-2F_8-\cdots=12。 \quad ⑤$$

由于所有的 $F_k(k=1, 2, \cdots, n)$ 均非负数，故 $F_2$，$F_3$，$F_4$，$F_5$ 中至少有一个大于 0，即任何一个正则图都至少有一个区域的边数小于 6。

(1)如果 $M$ 包含一个边数为 2 或 3 或 4 的区域 $A$，将 $A$ 的一条边界去掉(图 5)，就得到一个只有$(n-1)$个区域的正则图 $M'$。若 $M'$ 可用 5 种颜色合理着色，则 $M$ 也可以，因为 $M$ 中与 $A$ 毗邻的区域最多只有 4 个，一定还有一种颜色可用，可用此色对 $A$ 着色。

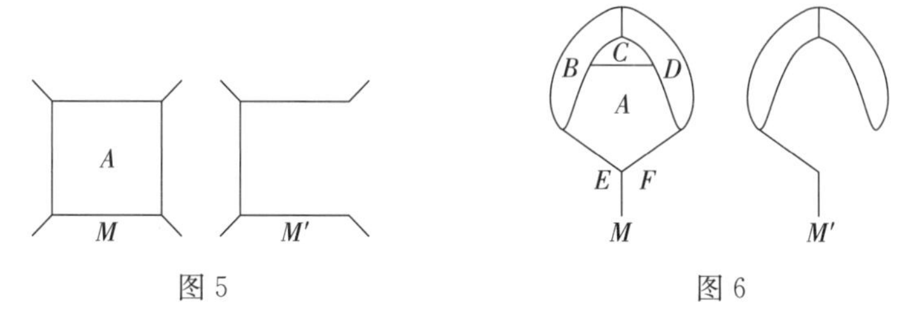


图 5　　　　图 6

(2)如果 $M$ 包含有 5 条边的区域 $A$。考虑与 $A$ 邻接的 5 个区域 $B$、$C$、$D$、$E$、$F$，其中总能找到两个互不邻接的区域，例如图 6 中的 $C$ 与 $F$，去掉 $A$ 与这两个区域相邻的边界就得一有$(n-2)$个区域的新正则图 $M'$。如果 $M'$ 可用 5 种颜色"合理着色"，则当恢复边界后，$A$ 将与不多于 4 种的颜色接触，(因为 $C$、$F$ 的颜色相同)，因此总可以把 $A$ 改为第五种颜色。即 $M$ 也可用 5 种颜色"合理着色"。

由此可知，对任一个有 $n$ 个区域的正则图 $M$，总可以制造一个只有($n$－1)个或($n$－2)个区域的另一正则图 $M'$，当 $M'$ 可用 5 种颜色“合理着色”时，$M$ 也可以。不断地继续这个过程，就得到一个区域数不断减少的正则图系列

$$M，M'，M''，\cdots$$

由于区域数不断减少，在这个系列中最后必然出现区域不超过 5 个的正则图，它必可用 5 种颜色“合理着色”。接着一步一步向 $M$ 回溯，最后必然 $M$ 也可用 5 种颜色“合理着色”。

# 正七边形的作图

唐朝诗人杜牧有一首脍炙人口的七绝《赤壁》：

折戟沉沙铁未销，自将磨洗认前朝。
东风不与周郎便，铜雀春深锁二乔。

这首诗是对《三国演义》第四十九回的一个美妙的注释。

赤壁之战前夕，一切战前准备都在按周瑜的计划顺利地进行。曹方熟悉水战的蔡瑁、张允已被曹操所杀，换了不懂水战的毛玠、于禁代任；庞统的连环计已经让曹操把战船锁上，黄盖的苦肉计也已发生作用。一切都准备就绪的时候，周瑜突然“病”倒在床。诸葛亮给他开了一个秘方：“欲破曹公，宜用火攻；万事俱备，只欠东风。”周瑜听闻诸葛亮借东风大计后一跃而起，病全好了。临战前夕诸葛亮果然在七星坛上“祭”起了东风，才使樯橹灰飞烟灭，让周郎立下了不朽的功勋，形成了三国鼎立的局面。

在这首诗里，也包含了两个有趣的数学问题。

## 1. 考古研究中的数学问题

“折戟沉沙铁未销，自将磨洗认前朝。”只通过“磨洗”来“认前朝”是不可靠的，现代考古学中许多方法都要使用数学。其中最著名的方法就是用放射性物质的半衰期来测定古物的年代。放射性物质衰变的速度是固定不变的，它服从下面的公式(图 1)：

$$m=m_0\mathrm{e}^{-kt}。 \quad ①$$

公式①中的 $m_0$ 表示放射性物质原来的质量，$m$ 表示现在的质量，$k$ 表示该物质衰变的速度，$t$ 表示衰变的时间，e 是自然对数的底数。

利用公式①可以算出，需要多长的时间才能使放射性物质的质量衰变为原来的一半。为此，只要在公式①中令 $m=\frac{1}{2}m_0$，就可算出

$$t\approx 0.693\times\frac{1}{k}。 \qquad ②$$

在现代考古技术中，利用加速器质谱分析计算出古代样品和现代样品中某种相同放射性物质的原子数，就能得出古代样品和现代样品中所含该放射性物质“销”的程度，从而准确算出“折戟”的年代。

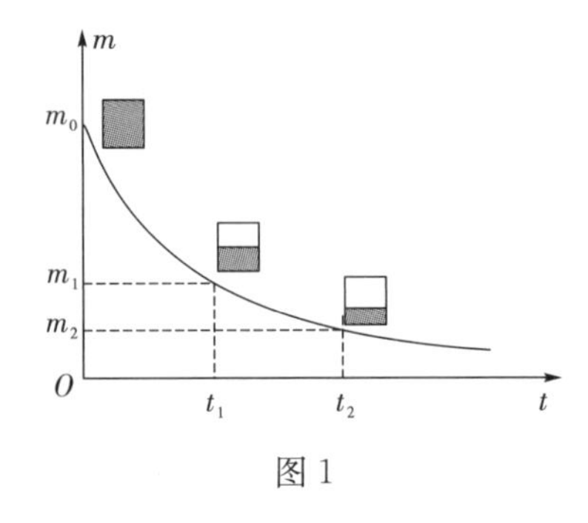


图 1

## 2. 正七边形的作图问题

根据书中的描写：七星坛方圆 24 丈，下一层插 28 面旗，东南西北各 7 面。据此推断，七星坛的底部可能是圆形，下一层分成了 28 等份，每一等份处插一面旗。如图 2，选 7 个分点连接起来，得到一个圆内接正七边形。因此，建造七星坛时可能遇到作圆内接正七边形的问题。

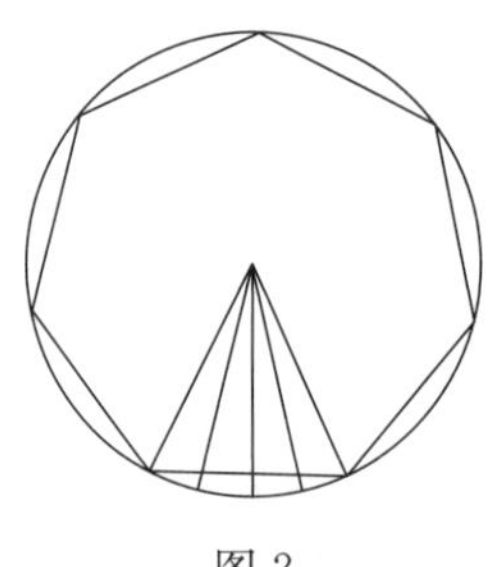

图 2

作圆内接正七边形的问题就是七等分圆周的问题，等分圆周的问题曾经是几何尺规作图中的难题。

在欧几里得《几何原本》中，限定作图的工具是(无刻度的)直尺与圆规。使用圆规与直尺有且只有下面五种基本作图功能：

(1)过两个已知点作一直线；

(2)确定两条已知直线的交点；

(3)以已知点为圆心，已知长为半径作圆；

(4)确定已知直线和已知圆的交点；

(5)确定两个已知圆的交点。

上面五条称为尺规作图公法，也是直尺、圆规的基本功能。

尺规作图就是只使用(没有刻度的)直尺和圆规作图。由于尺规作图的限制，有许多看来非常简单的作图问题也成为不可能了。

例如古希腊著名的几何作图三大难题就是典型的例子。大约在公元前5世纪古希腊人提出了下面三个几何作图问题：

1. 三分角问题，即将一个给定的任意角分为三个相等的角。

2. 倍立方问题，即求作一立方体，使该立方体的体积为给定立方体体积的两倍。

3. 化圆为方问题，即作一正方形，与一个给定的圆面积相等。

从表面上看，这三个问题似乎都很简单，特别是三等分角问题，看起来应该是可以用尺规完成作图的。历史上有很多人(包括一些知名的数学家)曾经为解决这三大难题绞尽了脑汁，但最后都毫无例外地以失败告终，两千年间它们一直困扰着数学家。直到1637年，笛卡儿创立了解析几何学，将尺规作图的几何条件翻译为代数式。通过代数方法进行研究，数学家们终于得到一个关于尺规作图可能性的判定准则：

一个作图题中必须求出的未知量，如果能够由若干已知量经过有限次有理运算及开平方而算出，并且也只有这时，这个作图问题才可以仅用尺规来完成。

在这个判断法则的指引下，人们证明了：三等分任意角、倍立方、化圆为方等作图问题，是不可能仅用尺规完成作图的。1895年，德国数学家克莱因(Klein，1849—1925)在前人研究成果的基础上，在德国数理教学改进社开会时宣读了一篇论文，给出了几何三大难题不可能仅用尺规作图的简单而明晰的证明，从而使古希腊几何三大难题对人类智慧的这一挑战，历经2400多年后终于告一段落。

现在我们利用尺规作图可能性的判断法则证明：

正七边形不能尺规作图。

**证明** 如图3，正七边形作图可以归结为$\theta=\frac{2\pi}{7}$角的作图。

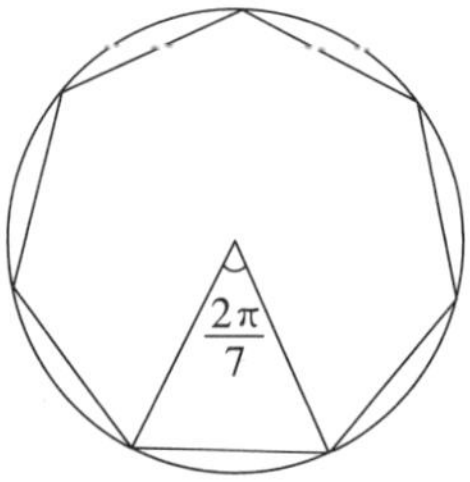

因 $\cos 3\theta=\cos(2\pi-4\theta)$，

故 $\cos 3\theta=\cos 4\theta$。

根据三角恒等式，有

$\cos 3\theta=4\cos^3\theta-3\cos\theta$，

$$\begin{aligned}\cos 4\theta&=\cos 2(2\theta)\\&=2\cos^2 2\theta-1=2(2\cos^2\theta-1)^2-1\\&=2(4\cos^4\theta-4\cos^2\theta+1)-1\\&=8\cos^4\theta-8\cos^2\theta+1,\end{aligned}$$



图3

因此 $$8\cos^4\theta-4\cos^3\theta-8\cos^2\theta+3\cos\theta+1=0。\quad ③$$

用2×③，并令$\cos\theta=\frac{x}{2}$，得

$$x^4-x^3-4x^2+3x+2=0,$$

因式分解，得

$$(x-2)(x^3+x^2-2x-1)=0。$$

若$x-2=0$，则$\cos\theta=1$，此时$\theta\neq\frac{2\pi}{7}$，不合要求，舍去。

故必有 $$x^3+x^2-2x-1=0。\quad ④$$

若④有有理根，只能为±1，但经检验知±1不是④的根，可见，④无有理根，因此正七边形不能尺规作图。

正多边形的作图，即等分圆周的尺规作图问题，是几何尺规作图中的难题，自古以来就一直吸引着数学家们。1801年，高斯解决了正$n$边形能否尺规作图的判定方法。他证明了下面的定理：

仅用尺规把圆周 $n$ 等分，当且仅当 $n$ 是符合下列条件的正整数时才有可能：

(1)$n=2^m$，

(2)$n=p=2^{2^k}+1$，其中 $p$ 是素数(称为费尔马素数)；

(3)$n=2^m p_1 p_2 \cdots p_k$，其中 $p_k=2^{2^k}+1$ 型的素数且彼此互不相同。

这个判定方法实质上可以归结为(2)，(1)与(3)可以由(2)直接推出。有了高斯的这个定理，仅用尺规把圆周 $n$ 等分的问题，从理论上是完全解决了，但在具体操作上仍未完全解决。

因为直到今天，当 $k$ 是什么整数时，$p_k=2^{2^k}+1$ 是素数的问题仍未解决。目前只知道 $k=0$，1，2，3，4 时，$p_k=3$，5，17，257，25537，是素数，但尚未发现，当 $k\geqslant 5$ 时，$p_k$ 中是否还有素数。正三角形和正五边形的尺规作图法是古希腊时代就知道了的。1801 年，高斯本人给出了正十七边形的作图方法。1832 年，数学家黎西罗解决了正 257 边形的尺规作图，过程写满了 80 页纸。数学家盖尔美斯花费了十年时间，得出了正 65537 边形的尺规作图，他的手稿装满了整整一只手提箱，至今还保存在哥廷根大学的图书馆里。

# 水淹七军与突变理论

关云长放水淹七军，是《三国演义》第七十四回中的一个著名战例，那次战役的规模本来并不大，作为曹军副统帅的大将庞德只率领了五百人马，可见曹军的人数不太多。不过经过小说作者有声有色的精彩描写，才成了人人皆知的故事。"七军"指的是什么？似乎没有明确的定义，姑且认为是指七支军队吧。《三国演义》第十七回"袁公路大起七军"，其中的"七军"大概也只是泛指七支军队而已。

战争情况复杂，瞬息万变。不久前庞德还战胜过关云长，害得他刮骨疗毒。庞德正斗志昂扬，不料风云突变，水淹七军，庞德成了关云长的阶下囚，死于非命。战争的形势发生了突变。

战争中有突变现象，数学中有研究突变现象的突变理论。巧合的是，在一定的条件下，突变理论恰好也有七种模型。

突变论是20世纪60年代由法国数学家托姆（Thom，1923—2002）重新定义和提出的。托姆出生于法国与瑞士毗邻的边境小城蒙彼里耶，他对数学哲学、数学教育和数学的社会作用等方面的问题都有深入研究，发表了不少重要论述。从1966年开始，托姆对于如何用数学来说明自然界的现象产生了浓厚的兴趣。他运用奇点理论研究自然界各种事物的不连续的突然变化，特别是生物学上的形态突变，建立了适于说明突变现象的数学模型，并推演出这些模型应具有的性质。1968年，托姆在"走向理论生物学"的国际会议上系统阐述了自己的观点，并将其中比较令人费解的数学部分以"生物学中的拓扑模型"为题写成文章发表于1969年的《拓扑学》杂志上。1972年，他写的《结构稳定性与形态发生学》一书出版，这标志着他创立的突变论（catastrophe theory)正式诞生。

我们试以狗的寻衅行为作模型来具体说明这种理论。人们观察到狗的寻衅行为是受两种互相冲突的内驱力——愤怒和恐惧影响的，愤怒可以用狗露出牙齿的程度来衡量，恐惧可以用狗的耳朵后贴的程度来衡量。如果这两种互相矛盾的内驱力只出现一种，狗的反应是可以预测的。一条被激怒了的狗将大声嚎叫或甚至可能进攻，一条受到惊吓的狗则将显得羞怯甚至可能后退或逃跑。

但是如果这条狗同时感到愤怒和惊吓，它将表现冷淡，这两种因素是互相冲突的而不是互相抵消的，在这种情况下，狗进攻和逃跑的可能性都存在。一个寻衅模型就是用来提供一个理论根据，以预测狗在一切可能的情况下将选择哪一种行为。

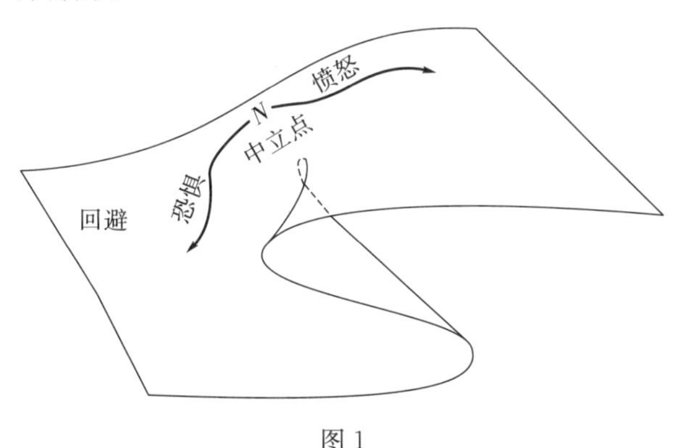


图 1

图 1 是用来具体说明寻衅模型的。字母 $N$ 表示平面上原来的中立点，这就是原点，恐惧的增加用一个向着左下方延伸的箭头表示，狗的反应变化于躲避和逃跑之间，愤怒的增加用一个向右上方的箭头表示，狗的反应变化于嚎叫和进攻之间，图中的褶皱部分代表中立性，它的位置依据图撅起的高度处于愤怒和恐惧之间。

如果一条受惊吓的狗被激怒了，它的怒气便增加(见图 2 中的 $X$)，它的行为便遵循一种所谓进攻突变说的规律(如图 2 所示)。注意 $X$ 从最低平面(恐惧)向最高平面(愤怒)的突升或突变，而完全不经过处于恐惧和愤怒之间的中立表面平滑的过渡，

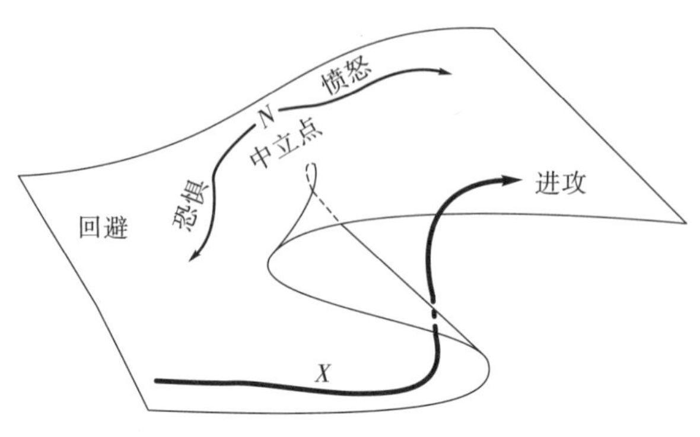


图 2　进攻突变

如果一条被激怒的狗受到惊吓，则它的恐惧增加(见图 3 中的 $X$)，它的行为则遵循一种逃跑突变说的规律，注意 $X$ 直接从最高平面(激怒)到最低平面(恐惧)的突降或突变。

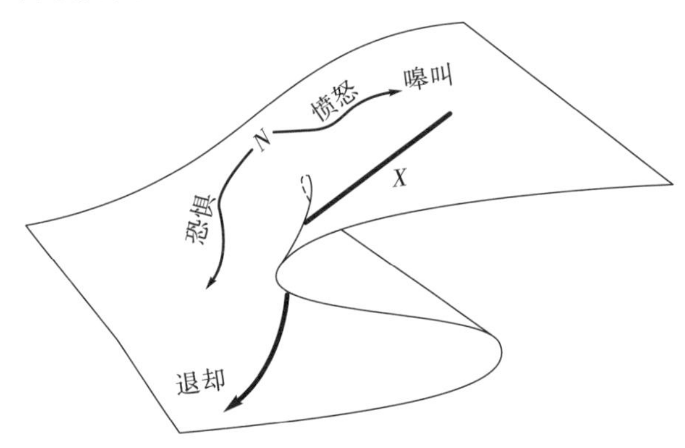


图 3　逃跑突变

一条同时被激怒和受到惊吓的狗既可能进攻(见图 4 中的路线 1)，也可能后退(见图 4 中路线 2)，取决于它所经受的愤怒和惊吓的相对数量。

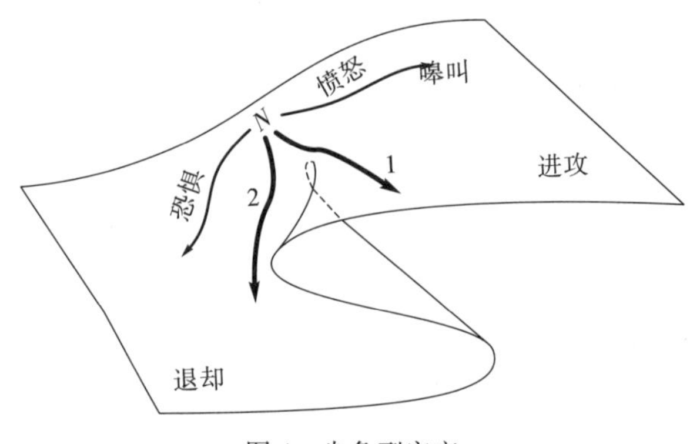


图 4　尖角型突变

这个例子是“基础突变论”的一个例子，它由两个控制因子和一个反应因子构成。当突变现象由两个控制因子和一个反应因子构成时，反应面上折叠区的投影簇都是尖角形的，因而这种突变被归类为“尖角型突变”。属于尖角形突变的例子还有地质学上地表的三角形断层、医学上人的神经在各种刺激下正常和错乱状态的交替出现等。这些在自然科学(甚至也可以包括社会科学)性质上完全不同的突变现象，其突变模型在结构上都是一样的，其拓扑学性质都是相同的。尖角型突变是实例较丰富，人们又研究得比较透彻的突变类型。

除此以外，还有几种类型的突变也是人们常见到的。它们的控制因子和反应因子的个数不同，分别对应于不同类型的突变现象。

只有一个控制因子和一个反应因子的突变现象可用二维坐标系来表示，如图 5。这种类型的突变叫作“折叠型突变”，它有一条抛物线形反应曲线。点 $Q$ 是其折叠点，它在控制轴上的投影簇也是一个点，即 $Q'$点。折叠点上面是结构稳定部分，下面是结构不稳定部分。

如果控制因子是三个，反应因子是一个，由此决定的突变模型是四维的，我们只能画出它在三维控制空间上的投影簇，如图 6 所示。由于它的平面投影很像一只燕子的尾巴，所以称为“燕尾型突变”。

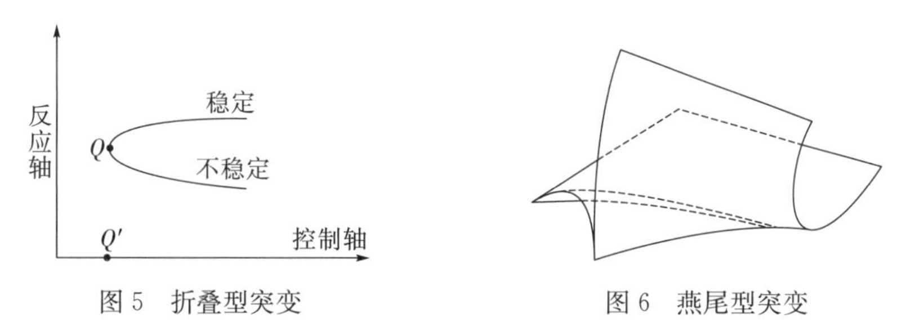


图 5 折叠型突变

图 6 燕尾型突变

如果控制因子是四个，反应因子是一个，由此决定的突变模型是五维的。如图 7 所示，其投影簇的形状像一只蝴蝶，因而这种类型的突变叫作“蝴蝶型突变”。

如果控制因子是四个，反应因子是两个，这种类型的突变叫作“抛物脐点型突变”。它们的投影簇也不能直接画出，我们仍要用投影的方法画出它在三维空间中的模型，如图 8。

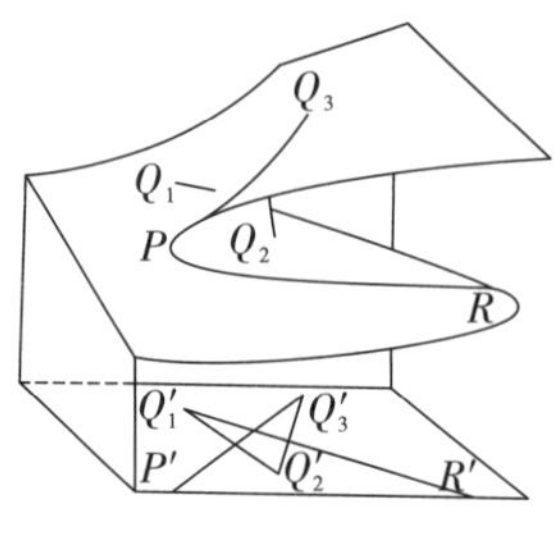


图 7　蝴蝶型突变

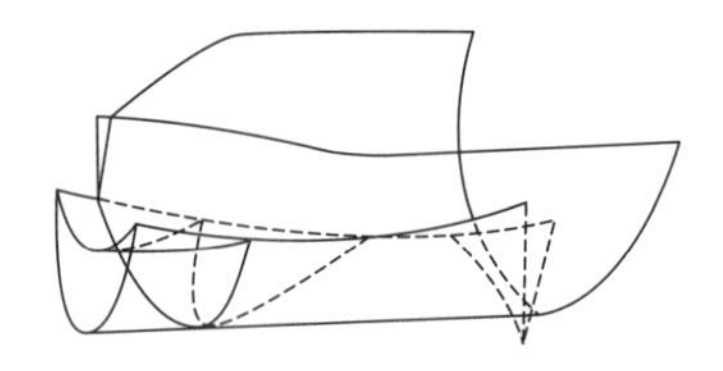

图 8　抛物脐点型突变

五维突变还有两种情况，就是当控制因子是三个，反应因子是两个时发生的突变，叫作“双曲脐点型突变”和“椭圆脐点型突变”。这两种类型的突变的投影簇是三维的，可以画出来，见图 9 和图 10。

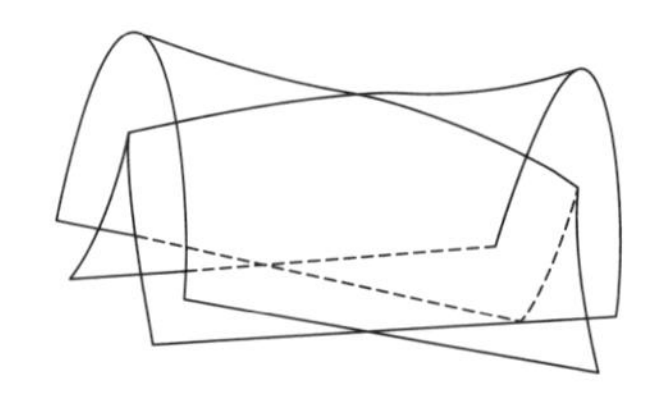

图 9　双曲脐点型突变

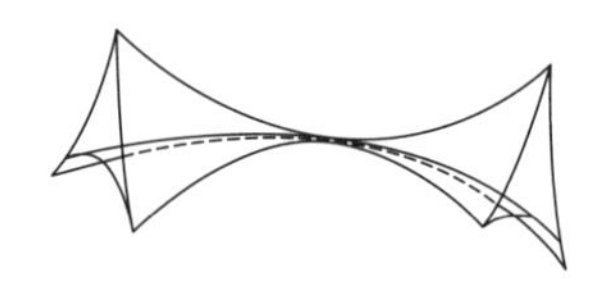

图 10　椭圆脐点型突变

以上七种类型的突变，称为“基本突变”。托姆通过严格的数学方法证明：在控制因子不超过四个时，继续增加控制因子和反应因子可以得到越来越复杂的突变类型。但对实际问题取模型时，七种基本突变还是最重要的。

# 都在笑谈中

# 华容道

《三国演义》第五十回描写赤壁之战时，曹操的连环战船被周瑜纵火焚烧，全部灰飞烟灭。曹操率领残兵败将仓皇逃窜，沿路又遭遇赵云、张飞两次伏击，早已“人皆饥倒，马尽困乏。焦头烂额者扶策而行，中箭着枪者勉强而走。衣甲湿透，个个不全；军器旗幡，纷纷不整”。曹操回顾左右只有三百余骑随后，并无衣甲袍铠整齐者。走到华容道又遇上关羽的伏兵，已经无路可逃。但是关羽怀念曹操昔日对他的旧恩，讲究义气，把曹操放走了。

我国民间艺人根据这一故事创作了一种名叫“华容道”的智力玩具，玩具有多种版本。如图1这种版本：在一个4×5的矩形棋盘里，放有十颗大大小小的棋子。其中曹操是最大的一颗棋子，占四格；五颗中型棋子分别为刘备的“五虎大将”——关羽、张飞、赵云、马超、黄忠，各占二格；再加上四个小兵，各占一格。另外还有两个空格，作为出口。曹操已被团团围住，但盘中还有两个空格，如果关羽等人能够让道，曹操仍有一线生机，逃出重围（到达最下面的边界线即算逃出）。你能帮助曹操尽快逃出来吗？

<table>
<tr><td>17</td><td>18</td><td>19</td><td>20</td></tr>
<tr><td>13</td><td>14</td><td>15</td><td>16</td></tr>
<tr><td>9</td><td>10</td><td>11</td><td>12</td></tr>
<tr><td>5</td><td>6</td><td>7</td><td>8</td></tr>
<tr><td>1</td><td>2</td><td>3</td><td>4</td></tr>
</table>

<table>
<tr><td rowspan="2">黄忠<br>$D$</td><td colspan="2" rowspan="2">曹操</td><td rowspan="2">马超<br>$C$</td></tr>
<tr></tr>
<tr><td>兵$c$</td><td colspan="2">关羽</td><td>兵$d$</td></tr>
<tr><td rowspan="2">张飞<br>$A$</td><td>兵$a$</td><td>兵$b$</td><td rowspan="2">赵云<br>$B$</td></tr>
<tr><td></td><td></td></tr>
</table>

图1

一枚棋子在空格中可以向上、下、左、右的任何方向移动一格或几格，到不能再移动而停止的时候，称为“一步”。对初学者来说，只要求让曹操逃出，可以不限步数。玩得熟练了，就要研究怎样走动才能使步数最少，对于图 1 这一版本将曹操移出需要 70 步。本题的走法最少是 70 步，各步移动的次序列式如下：

(1)共 $a\to 3$　　(2)将 $A\to 2$，6
(3)兵 $c\to 1$　　(4)将 $D\to 5$，9
(5)曹→13，14，17，18　　(6)将 $C\to 15$，19
(7)兵 $d\to 20$　　(8)将 $B\to 12$，16
(9)兵 $b\to 8$　　(10)兵 $a\to 4$
(11)将 $A\to 3$，7　　(12)兵 $c\to 6$
(13)将 $D\to 1$，5　　(14)关→9，10
(15)将 $A\to 7$，11　　(16)兵 $a\to 2$
(17)将 $A\to 3$，7　　(18)将 $C\to 11$，15
(19)兵 $d\to 19$　　(20)将 $B\to 16$，20
(21)兵 $b\to 12$　　(22)将 $A\to 4$，8
(23)将 $C\to 3$，7　　(24)兵 $b\to 15$
(25)关→11，12　　(26)兵 $c\to 9$
(27)兵 $a\to 10$　　(28)将 $D\to 2$，6
(29)兵 $c\to 1$　　(30)兵 $a\to 5$
(31)关→9，10　　(32)将 $B\to 12$，16
(33)兵 $d\to 20$　　(34)兵 $b\to 19$
(35)将 $C\to 11$，15　　(36)将 $D\to 3$，7
(37)兵 $a\to 2$　　(38)关→5，6
(39)曹→9，10，13，14　　(40)兵 $b\to 17$
(41)兵 $d\to 18$　　(42)将 $C\to 15$，19
(43)将 $D\to 7$，11　　(44)将 $B\to 16$，20
(45)将 $A\to 8$，12　　(46)兵 $a\to 4$
(47)兵 $c\to 3$　　(48)关→1，2
(49)曹→5，6，9，10　　(50)兵 $d\to 13$

(51)将 $C\to14$，18　　(52)将 $D\to15$，19

(53)曹→6，7，10，11　　(54)兵 $d\to5$

(55)兵 $b\to9$　　(56)将 $C\to13$，17

(57)将 $D\to14$，18　　(58)将 $B\to15$，19

(59)将 $A\to16$，20　　(60)曹→7，8，11，12

(61)兵 $d\to10$　　(62)关→5，6

(63)兵 $c\to1$　　(64)兵 $a\to2$

(65)曹→3，4，7，8　　(66)兵 $d\to12$

(67)兵 $b\to11$　　(68)关→9，10

(69)兵 $a\to5$　　(70)曹→2，3，6，7

这类游戏统称滑块游戏。“华容道”仅是“滑块游戏”这个大类中的一个代表，此类游戏是运筹学中博弈论的探讨课题。

下面我们再看几个简单的滑块游戏开始。

(1)把 1～7 号零件推进匣子里(图 2)，每一件都是自上而下严格地垂直推进的，每个零件应按怎样的顺序推进？

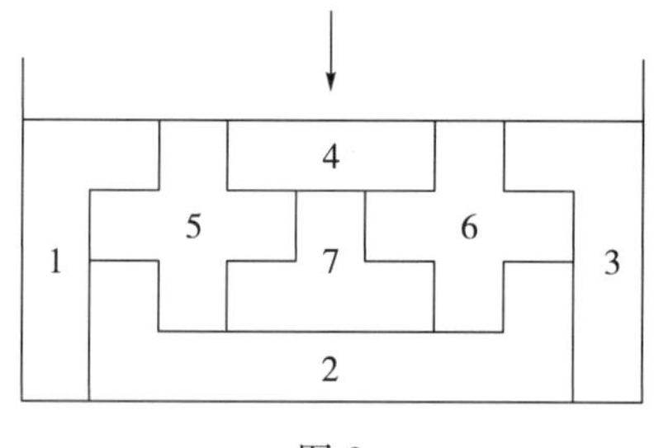


图 2

(2)图 3 中的图形叫作五连块，五连块共有 12 个。“五连块”的玩法很多，最初级的目标是拼成一个平面图形，例如矩形。拼的时候，每块都可“翻身”，不分正反面。因为五连块的总面积为 5×12＝60(面积单位)，60 有多种方法分解为两个正整数的乘积，所以它们可以拼成多个边长不同的矩形，试试看，你能拼成几种？

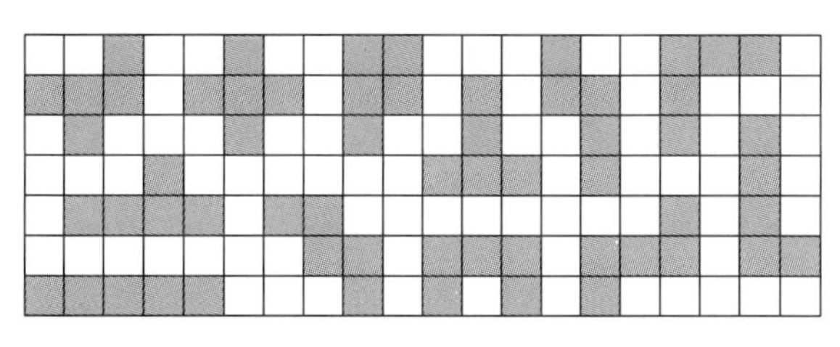

图 3

图 4 是两种矩形的拼法：

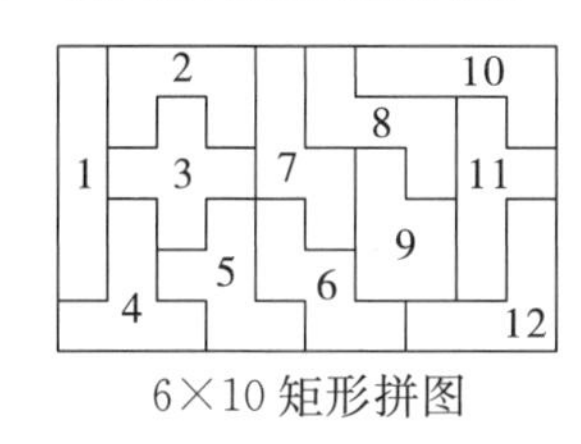


6×10 矩形拼图

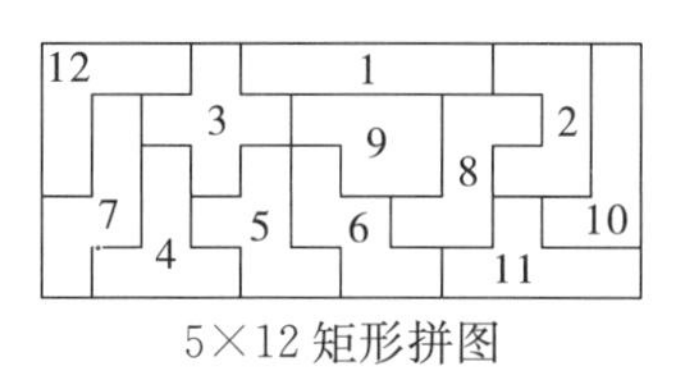


5×12 矩形拼图

图 4

(3)图 5 是一种法国益智图，在一个边长为 $a:b=4:5$ 的矩形的盘盒中放置所需的各种规格的滑块。滑块的规格是：4 个小正方形，边长为$\frac{a}{4}$；1 个大正方形，边长为$\frac{a}{2}$；5 个矩形，边长分别为$\frac{a}{4}$，$\frac{a}{2}$。

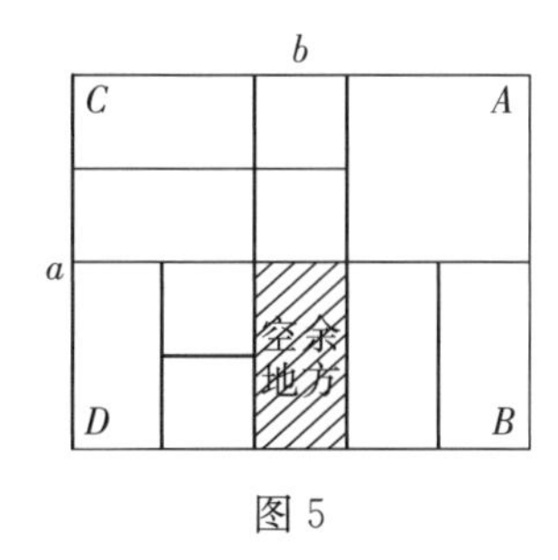


图 5

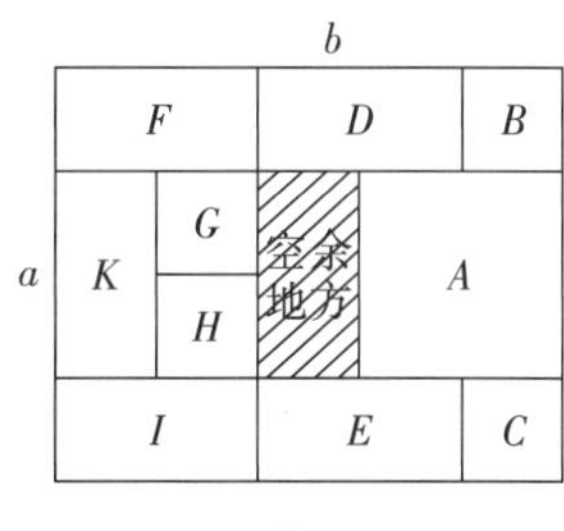


图 6

在盘盒中推移这些滑块可以拼成各种益智图。现举两例如下：

①先将 10 个滑块摆成图 5，然后将大正方形从角 $A$ 移至角 $B$。

②先将 10 个滑块摆成图 6，将大正方形移至矩形 $K$ 和两个小正方形 $G$ 和 $H$ 所占的位置。

(4)图 7 被称为“最难解答的滑块游戏”，游戏要求将 1 号拼块移动到左上角，这个游戏需要 18 步才能完成。

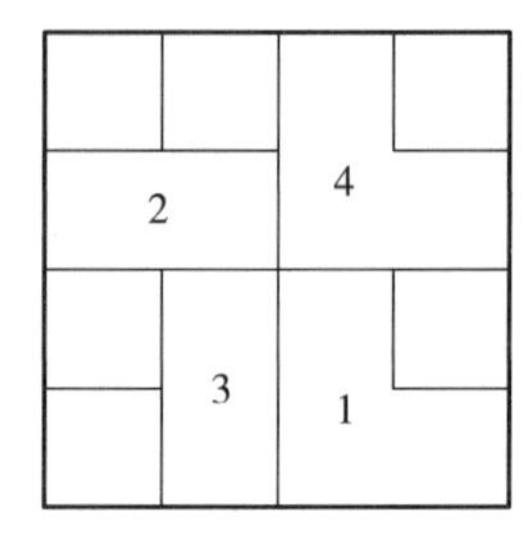


图 7

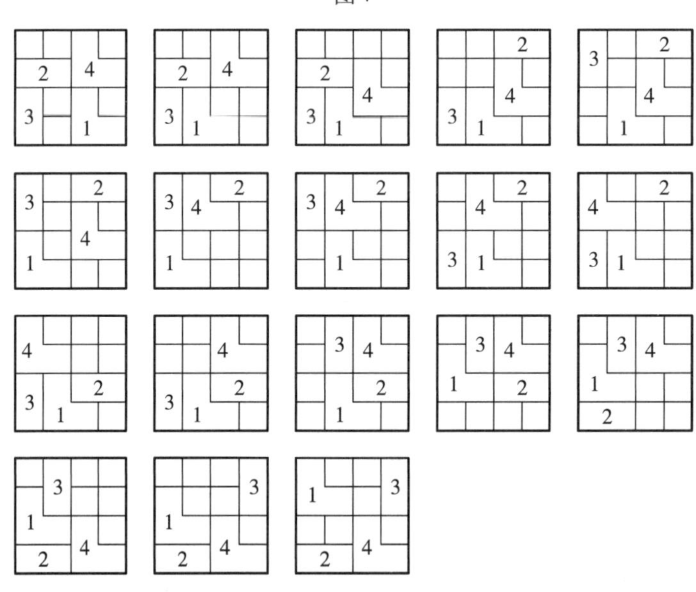

图 8

# 八阵图

《三国演义》第八十回写东吴陆逊大败刘备于猇亭，欲引得胜之军，继续追杀蜀兵。日濒薄暮，误入江边石阵，忽然间狂风大作，一霎时，飞沙走石，遮天盖地。但见怪石嵯峨，槎枒似剑；横沙立土，重叠如山；江声浪涌，有如剑鼓之声。陆逊大惊，左冲右突，无路可出。危急之际，幸亏诸葛亮的岳父黄承彦指引他逃出。

唐朝大诗人杜甫曾有《八阵图》诗云：

功盖三分国，名成八阵图。江流石不转，遗恨失吞吴。

诗人抓住这一历史事件和传说，高度评价了诸葛亮“功盖三分国”的功绩，也批评了关羽、刘备等人不能坚持蜀吴联盟却想“吞吴”的失误。

传说诸葛亮入川之时，在夔州练兵，曾经在江边用石头垒成“八阵图”，自此常常有气如云，从内而起。陆逊正是误入八阵图中，便迷失了方向，再也杀不出来，几乎丢了性命，使刘备得以逃脱。

有人说，八阵图来源于《周易》的八卦图，两者是一脉相通的。八阵图按照八卦图来排兵布阵，阵形和八卦图一样，分作八门，有些是“生门”，有些是“死门”，但它们可以互相呼应，互相转化，变化万千。要想攻破八阵图，只能从“生门”杀进，再从“生门”杀出，如果误入“死门”，或者不知道随阵形变化，迷失“生门”，必然被困死阵中。这“八阵图”究竟是什么样子？可惜已经无从查考了。

现在我们利用八卦来设计一个数学游戏，也许能帮助我们对如何利用八卦排列阵图，进行一些想象、类比和推演。

一般地说，八卦的排列顺序是有一定的规矩和含义的，最常见的是所谓伏羲先天八卦图和文王后天八卦图两种形式，如图 1 所示：

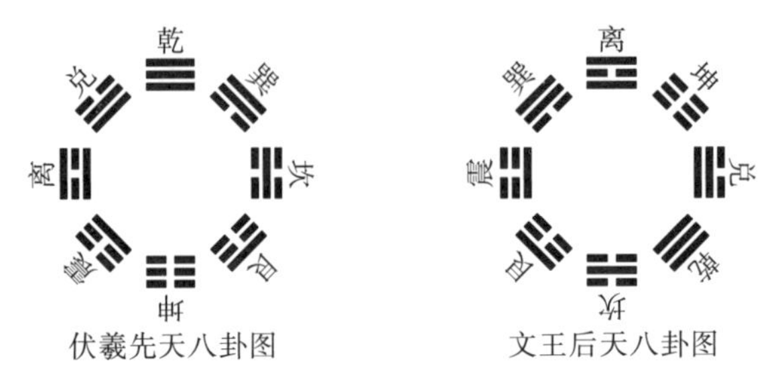


伏羲先天八卦图　　文王后天八卦图

图 1

当我们将八卦按图 1 的排列顺序纳入九宫格后也就有两种形式，如图 2 和图 3 所示：

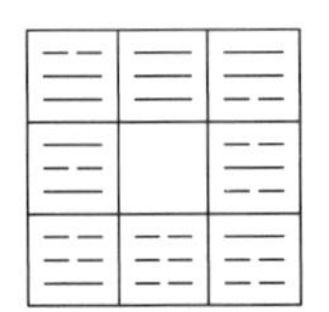

图 2　九宫先天八卦图

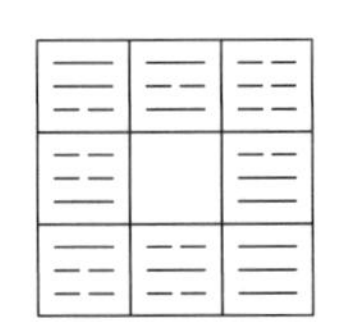

图 3　九宫后天八卦图

现在以九宫先天八卦(图 2)作为游戏的标准。游戏开始时，将八卦打乱任意地排在九宫格内，例如排成图 3 的形式。然后在图 3 中让卦与空格不断地交换位置，如果能在有限次交换后，使卦的排列变成了图 2 的九宫先天八卦图的状态，就算突出了重围，破阵成功。否则就算被困死，破阵失败。

能否达到破阵的目的，有着深刻的数学背景。其实它是从一个被人称为“八仙飘海”的数学游戏演变过来的(谈祥柏的《趣味数学辞典》载有这个游戏)，因此，我们先介绍“八仙飘海”的游戏。

把 1，2，3，4，5，6，7，8 这八个数打乱次序，任意填在九宫图的 8 个格中，留下右下角的一个方格不填数，例如排成图 4 中的各种状态。图 4(a)是按数的自然顺序排的，图 4(d)则是按完全相反的顺序排的。不同的排法有 8！＝40320 种。

| 1 | 2 | 3 |
|---|---|---|
| 4 | 5 | 6 |
| 7 | 8 |  |

(a)

| 3 | 4 | 7 |
|---|---|---|
| 8 | 1 | 2 |
| 6 | 5 |  |

(b)

| 1 | 2 | 3 |
|---|---|---|
| 4 | 5 | 6 |
| 8 | 7 |  |

(c)

| 8 | 7 | 6 |
|---|---|---|
| 5 | 4 | 3 |
| 2 | 1 |  |

(d)

图 4

游戏的规则是，例如图 4(b)，利用空格进行调动，将数向空格中移动，每步移动一格，经过有限步移动后，能不能使得它转变为图 4(a)的自然顺序排列呢？

并不是所有的不按自然顺序排列的图都可以通过移动变换成图 4(a)的，例如图 4(b)就不能变换为图 4(a)。在 40320 种不同的阵式中只有一半能移动成图 4(a)，而另一半不管你怎样努力，最后总有两个数的顺序相反，像图 4(c)那样。

但有趣的是，像图 4(d)那种完全颠倒顺序的排列状态，却是一定可以移动成为图 4(a)的。例如，按图 5 的移动方法一共用了 30 步(图中的“1←”表示数字 1 向左移一格，2↑表示数字 2 向上移一格，余可类推)：

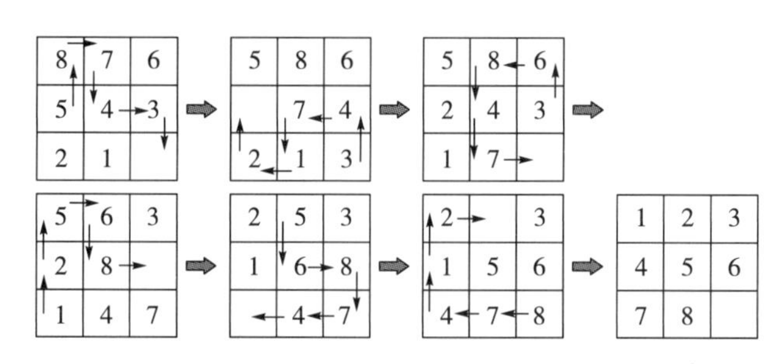

图 5

从图 4(d)变成图 4(a)的走法，借助电子计算机的帮助，人们发现最少的步数是 30 步，而且有 10 种不同的走法。下面以 5 步为一组，每种走法分为六组，列出 10 种走法如下(34785 表示第 1 步将 3 移入空格，第 2 步将 4 移入新的空格，…，依次移动。图 5 所表示的一种移动法即下述 10 种移动法中的(1))：

(1)34785，21743，74863，86521，47865，21478；

(2)12587，43125，87431，63152，65287，41256；

(3)34785，21785，21785，64385，64364，21458；

(4)14587，53653，41653，41287，41287，41256；

(5)34521，54354，78214，78638，62147，58658；

(6)14314，25873，16312，58712，54654，87456；

(7)34521，57643，57682，17684，35684，21456；

(8)34587，51346，51328，71324，65324，87456；

(9)12587，48528，31825，74316，31257，41258；

(10)14785，24786，38652，47186，17415，21478。

有一个方法可以检验“八仙飘海”的游戏能否成功，我们以图 4(b)为例来说明这一方法：

把状态图 4(b)的排列顺序写下来：

3，4，7，8，1，2，6，5　　①

在一个排列中，如果一个大数排在一个小数的前面，叫作一个反序。例如 8 比 1 大，但 8 排在 1 的前面，在 8 与 1 之间即有一个反序，记作(8，1)。如果排列①中反序的总个数是偶数，则可以通过移动变换为图 4(a)，如果排列①中反序的总个数是奇数，则不能通过移动变换为图 4(a)，最多也只能转化到图 4(c)的样子，还剩两个数的顺序仍然相反。

考察排列①中共有(3，1)，(3，2)，(4，1)，(4，2)，(7，1)，(7，2)，(7，6)，(7，5)，(8，1)，(8，2)，(8，6)，(8，5)，(6，5)等 13 个反序，13 是奇数，所以排列图 4(b)一定不能通过移动变换为图 4(a)的自然顺序排列。

但是，像图 4(d)那样的排列法，共有 7+6+5+4+3+2+1=28(个)反序，28 是偶数，所以排列图 4(d)一定能通过移动变换为图 4(a)的自然顺序状态。

现在回到九宫八卦图的游戏。在图 2 中，先将☵向左移进空格，再将☶往上移进空格，经过两步就变为图 6 的形式。

| ☱ | ☰ | ☴ |
|---|---|---|
| ☲ | ☵ | ☶ |
| ☳ | ☷ |  |

图 6

| 1 | 2 | 3 |
|---|---|---|
| 4 | 5 | 6 |
| 7 | 8 |  |

图 7

将图 6 的卦依次按(＊)式的顺序编号：

| ☱ | ☰ | ☴ | ☲ | ☵ | ☶ | ☳ | ☷ |  |
|---|---|---|---|---|---|---|---|---|
| 1 | 2 | 3 | 4 | 5 | 6 | 7 | 8 | (＊) |

就把图 6 变成了图 7 那样的数字排列。对图 3 也作类似的处理，就把八卦变阵游戏转变为“八仙飘海”游戏了。

如果把破八阵图比喻为“八仙飘海”的游戏，其困难之程度是令人难以想象的。不但找到方法不容易，即使找到了方法，具体的操作难度也很高。19 世纪，数学家亨利·杜特尼研究出一种走法，共需走 36 步，被当时公认为一种最好的走法。但是，如果把他走的路线用一条线连接起来，那真是比“江流曲似九回肠”还要艰难曲折！

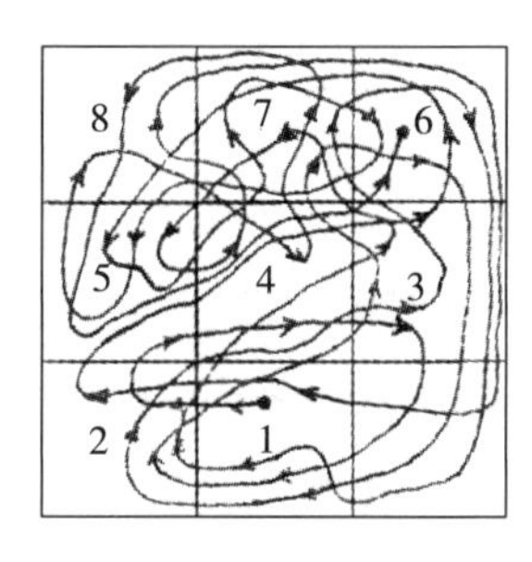


图 8

# 从携民渡江想到的

《三国演义》把刘备塑造为“仁君”的形象，如第四十一回中刘备携民渡江那一幕就令人非常感动。当时曹操大军压境，刘备困守樊城，乃问计于孔明。孔明曰：“可速弃樊城，取襄阳暂歇。”玄德曰：“奈百姓相随许久，安忍弃之?”孔明曰：“可令人遍告百姓：有愿随者同去，不愿者留下。”先使云长往江岸整顿船只，令孙乾、简雍在城中声扬曰：“今曹兵将至，孤城不可久守，百姓愿随者，便同过江。”两县之民，齐声大呼曰：“我等虽死，亦愿随使君!”即日号泣而行，扶老携幼，将男带女，滚滚渡河，两岸哭声不绝。玄德于船上望见，大恸曰：“为吾一人而使百姓遭此大难，吾何生哉!”欲投江而死，左右急救止。闻者莫不痛哭。船到南岸，回顾百姓，有未渡者，望南而哭。玄德急令云长催船渡之，方才上马。

在那“杀人如草不闻声”的年代，军阀混战，民不聊生，爱民如子的刘备，自然能得到人民的拥护。不过正如鲁迅先生对《三国演义》的批评那样“欲显刘备之长厚而似伪，状诸葛之多智而近妖。”《三国演义》描述战争时对数字往往过于夸大，动辄几十万人。如描写这次携民渡江：“同行军民十数万，大小车数千辆，挑担背包者不计其数。”在那个靠手摇木船的时代，依靠少数船只来回往返，在短时间内让这么多人渡过汉水，真是谈何容易。

数学家编拟过一些颇有趣味的渡河问题，我们可以做做这些题目，体会一下渡河之不易。

**例 1** 三名士兵想要过河。两个划着一只小船的男孩愿意帮助他们过河，但是这只船只能承受两个男孩或一名士兵的重量。这三名士兵都不会游泳。在这种情况下，他们该怎样过河，才能在抵达对岸之后，将船只返还给两个男孩呢?

如图 1 所示，经过 12 次往返，三名士兵都渡到对岸，船也交回了两个男孩。

| | | | |
|---|---|---|---|
| 1 | 孩、孩 | | 兵、兵、兵 |
| 2 | 孩 | 孩 | 兵、兵、兵 |
| 3 | 孩 | 兵 | 孩、兵、兵 |
| 4 | 兵 | 孩 | 孩、兵、兵 |
| 5 | 兵 | 孩、孩 | 兵、兵 |
| 6 | 兵、孩 | 孩 | 兵、兵 |
| 7 | 兵、孩 | 兵 | 兵、孩 |
| 8 | 兵、兵 | 孩 | 兵、孩 |
| 9 | 兵、兵 | 孩、孩 | 兵 |
| 10 | 兵、兵、孩 | 孩 | 兵 |
| 11 | 兵、兵、孩 | 兵 | 孩 |
| 12 | 兵、兵、兵 | 孩 | 孩 |

图 1

这个例子说明了渡河往返次数之多。

**例 2**　敌我双方各派两名军事人员同到某地去谈判，途中要渡过一条河，没有桥，仅有一只能乘两人的小船。为了安全，敌我双方同时在场时，我方人员不能少于敌方人员，每次过河往返需用 10 分钟，问最快需多长时间四人都可到对岸？

用括号内第一个数表示我方在场人数，第二个数表示敌方在场人数。敌我人员同时在场的可能状态有六种：

(2，2)，(2，1)，(2，0)，(1，1)，(0，1)，(0，2)

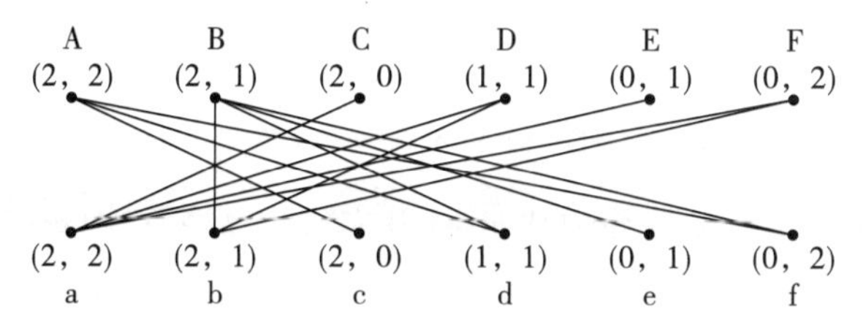


图 2

由图 2 可见，能行的渡河方案共有 4 种：

$A \to d \to B \to b \to D \to a$　　$A \to d \to B \to b \to F \to a$

$A \to f \to B \to b \to D \to a$　　$A \to f \to B \to b \to F \to a$

每种方案都要摆渡 5 次，需时 25 分钟。

这个例子说明了渡河所需时间之长。

关于渡河问题有两个经典的问题类型。

**问题 1**　(农夫渡河问题)据说英国的一位神学家兼教育家阿尔昆(Alcuin，约 736—804)在他的《益智题》一书中提出了如下问题：

一个农夫带着一只狼、一只羊和一筐大白菜准备过河。仅有的一只小船一次只能让农夫带一样东西，或者带狼，或者带羊，或者带大白菜。可是，如果没有农夫看着，那么狼会吃掉羊，羊会吃掉大白菜。农夫怎样才能把狼、羊和白菜完整无损地全运过河呢？

在这个问题中，一共有 5 个元素：人、船、狼、羊、菜。因为任何时候人与船都必须在一起，否则下一步就无法运行，所以我们把人与船绑在一起，只要考虑人、狼、羊、菜 4 个元素就行了。用记号(人，羊)表示人与羊在原岸的状态，这时对岸是(狼，菜)。其中有些状态是允许出现的，如(狼，菜)；有些状态是不允许出现的，如(狼，羊)，这时狼会把羊吃掉；又如(人)，表示人划船空来空往，没有意义。因此允许出现的状态一共只有 10 种，列出如下：

①(人，狼，羊，菜)，　　②(无物)，

③(狼，菜)，　　④(人，羊)，

⑤(人，狼，羊)，　　⑥(菜)，

⑦(人，狼，菜)，　　⑧(羊)，

⑨(人，羊，菜)，　　⑩(狼)。

把 10 种状态当作点，当本岸某点所表示的状态经过一次摆渡能变成本岸另一点所表示的状态时，则在这两点间连一条线。那么从原岸的(人，狼，羊，菜)一点能通过一条线连接到原岸的(无物)一点时，即表示渡河成功。

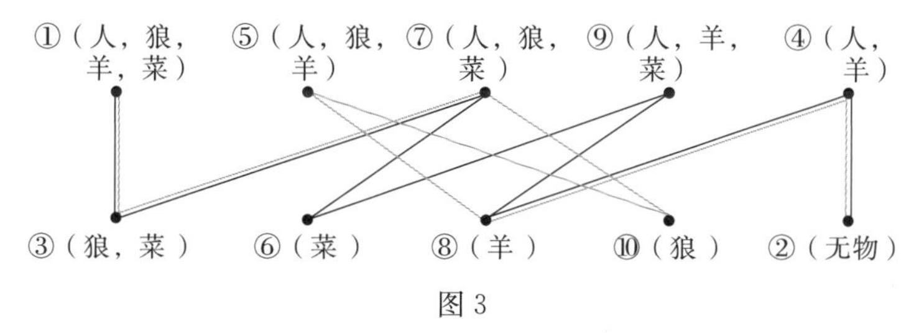


图 3

在图 3 中不难发现，从状态①开始，第一步只能变为③，第二步只能变为⑦，第三步由⑦可变为⑥或⑩，因而有两种渡河的方法：

第一种方法：①→③→⑦→⑥→⑨→⑧→④→②；

第二种方法：①→③→⑦→⑩→⑤→⑧→④→②。

无论用哪种方法都需要摆渡 7 次。

**问题 2** （夫妻渡河问题）这个问题一般的提法是：

设有 $n$ 对夫妇要渡河，渡河工具只有一只小船，小船的容量是 $m$ 人。假设每个男人的嫉妒心都特强，没有一个男人肯让自己的妻子同其他男人在一起，除非他本人也在场。有办法渡河吗？

容易看出：

当 $m=1$ 时是不行的，因为划来划去，始终只能一个人渡河。

当 $m=4$ 时，则不管 $n$ 是多少，都能过去。让两对夫妻划过去，再让其中的一对划过来。如此不断继续，一定能把 $n$ 对夫妻都运过河去。

因此只要讨论 $m=2$ 和 $m=3$ 的情形就可以了。有人已经证明：

当 $m=2$ 时，最多可渡 3 对夫妇，此时渡毕所需的最少来回次数是 11。

当 $m=3$ 时，最多可渡 5 对夫妇，此时渡毕所需的最少来回次数是 11。

我们只验证一下 $m=2$ 的情形，$m=3$ 的情形留给读者。

### 1. 两对夫妻过河

我们用大写字母 $A$、$B$ 表示丈夫，小写字母 $a$、$b$ 表示其妻子。如图 4 所示，给出了两种可行的渡河方法，每种方法最少要摆渡 5 次。

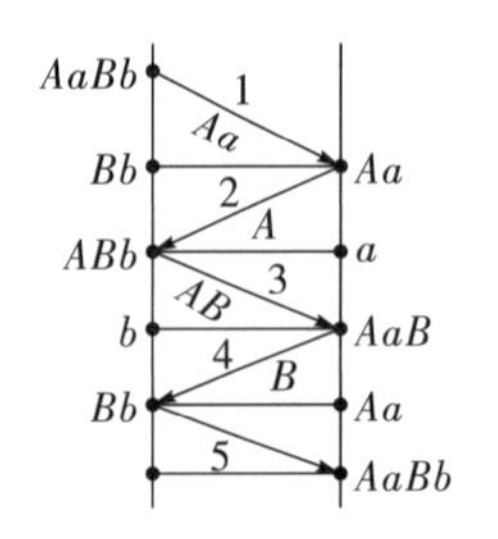

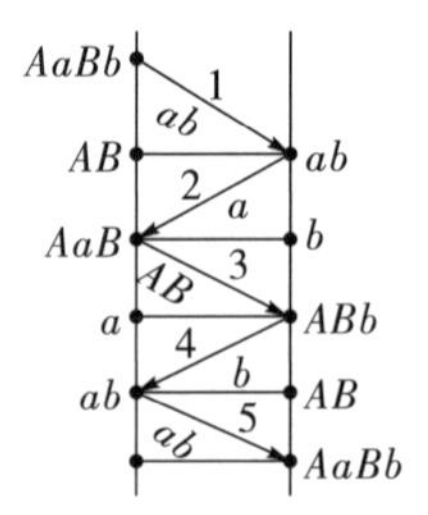

图 4

## 2. 三对夫妻过河

用大写字母 $A$、$B$、$C$ 代表丈夫，小写字母 $a$、$b$、$c$ 分别表示他们的妻子，图 5 给出了一种可行的渡河方法。

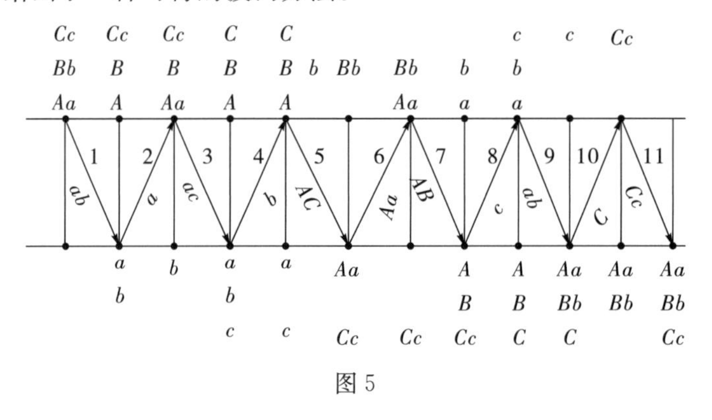

图 5

# 图形的剖分与拼合

“周郎妙计安天下，陪了夫人又折兵。”这句讽刺那些绞尽脑汁谋取利益，反而亏掉老本者的话，原出自《三国演义》第五十四、五十五回刘备东吴招亲的故事。

刘备的甘夫人死了，周瑜得了信息，为了夺回荆州，便心生一计。他对鲁肃说，刘备丧妻，必将续娶。主公有一妹，极其刚勇。我今上书主公，教人去荆州为媒，说刘备来入赘。赚到南徐，幽囚在狱中，却使人去讨荆州换刘备。于是周瑜上书孙权，经孙权同意后，便派吕范为媒，前往荆州提亲。

刘备听从孔明的计策，答应了这门亲事。刘备一到东吴，便令赵云等大造声势，使东吴朝野皆知，刘备前来招亲。接着刘备又通过乔国老取得孙权母亲吴国太的好感，吴国太迅速认可了刘备这位乘龙快婿，促使亲事弄假成真，生米做成了熟饭，孙权无可奈何，也只好为刘备和妹妹举行了隆重的婚礼，婚后刘备与孙夫人的感情很好。周瑜一计未成，又生一计，打算用美色富贵，把刘备困在东吴，使他丧失斗志。

一天，刘备见庭下有一石块。便拔下从者的佩剑，仰天祝曰：“若刘备能勾回荆州，成王霸之业，一剑挥石为两段。如死于此地，剑剁石不开。”言讫，手起剑落，火光迸溅，将石劈为两段。孙权在后面看见，问曰：“玄德公如何恨此石?”玄德曰：“备年近五旬，不能为国家剿除贼党，心常自恨。今蒙国太招为女婿，此平生之际遇也。恰才问天买卦，如破曹兴汉，砍断此石。今果然如此。”孙权暗思：“刘备莫非用此言瞒我?”亦掣剑谓玄德曰：“吾亦问天买卦。若破得曹贼，亦断此石。”却暗暗祝告曰：“若再取得荆州，兴旺东吴，砍石为两半!”手起剑落，巨石亦开。据说，带有十字剑纹的“恨石”至今尚存。

如图 1，英雄的宝剑一纵一横，把一个正方形分成了 4 块，象征着蜀吴联盟的破裂，如果把这 4 块图片打乱后，还能够把它重新复合为一个正方形吗？

如果裂痕可以忽略不计，那么分裂的这 4 块图片一定可以在拼接后恢复成原来的正方形(图 1)；如果 4 块图片是全等的，还可能拼成图 2 那样的中间有一个正方形孔洞的正方形。这个孔洞的大小取决于每一刀的刀痕与原正方形的边所形成的角度的大小。如果这个角度是 90°，那么孔洞的面积是零；如果这个角度是 45°，那么孔洞的面积就达到最大状态。

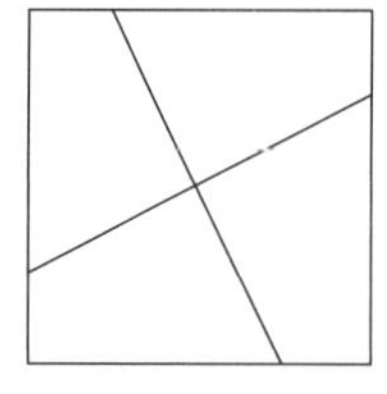

图 1

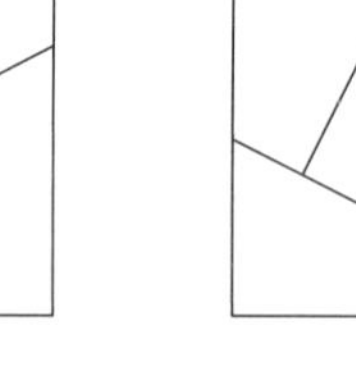

图 2

把一个图形剖分成若干个符合某些指定条件的较小图形，称为图形的剖分，研究图形的剖分性质的数学称为“剖分理论”。剖分理论已经引起数学家们的高度重视。

当时天下三分，曹操、刘备与孙权各霸一方，都希望由自己来一统天下。下面是三个完全一样的正方形，象征天下三分。如何将它们进行剖分，然后重新组合起来，使之成为一个较大的正方形？

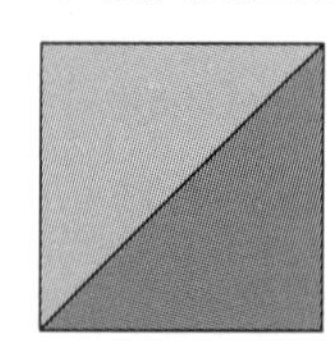

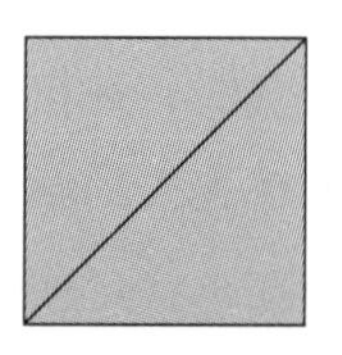

图 3

这个问题是由数学家瓦法(940—998)提出的，他提出的办法是把三个正方形分成 9 块，如图 4 所示：

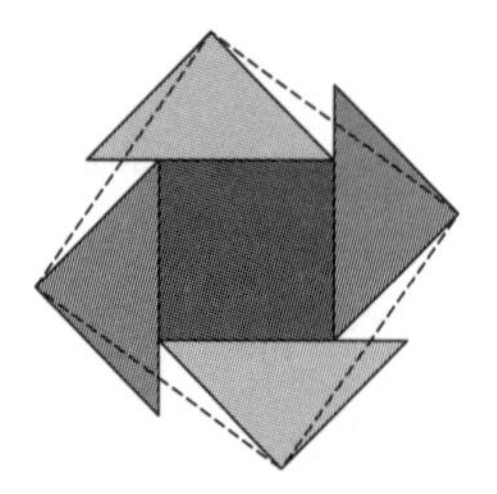

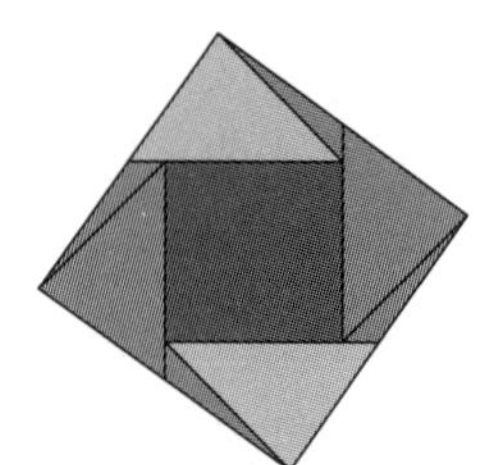

图 4

后来有数学家发现，只分成六块就能拼成正方形(图 5)，至今还没有人打破这个纪录。

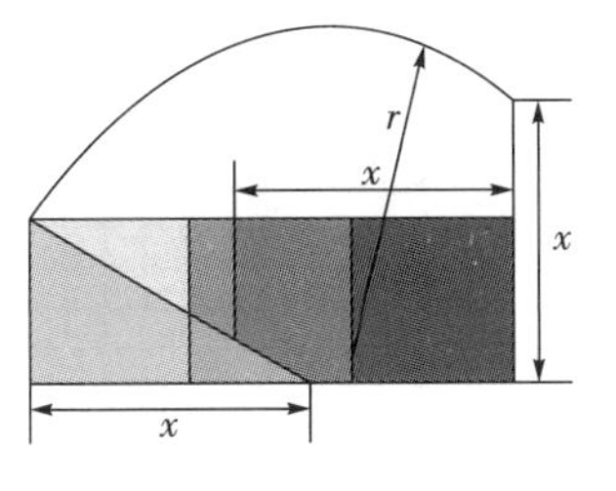


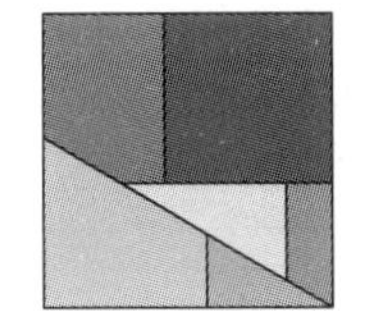

图 5

值得注意的是：将正方形这样分分合合有时却导致悖论。

**悖论 1** 将一个棋盘切割成两个部分，如图 6 所示。下半部分沿着割线向左下方移动 1 个单位长度，剩下的上半部分中最右侧的小三角形(带有阴影)刚好能够填充左边底部的空出的三角形空间，如图 7 所示。

这时，一个 8×8＝64(单位面积)的正方形就变成了一个 7×9＝63(单位面积)的长方形，这是什么原因呢？你能解释其中的悖论吗？

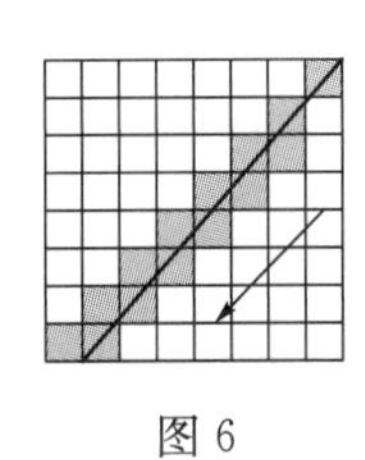

图 6 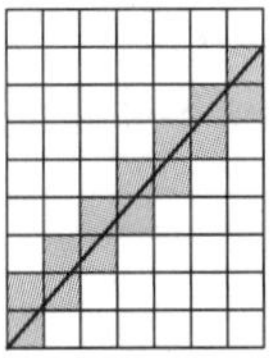　　图 7

出现矛盾的地方就在于，对角线稍微经过了棋盘第二行第八列那个正方格的左上方。如果是在 8 个单位长度的高度下添加的单位长度，看上去并不会很明显。但是，当我们将其计算在内的话，那么整个长方形的预期面积就是 64 单位面积。只要对那些对角线上重新合成的较小正方形进行细致的观察，会在对角线切口的位置发现并不精确的接口。

**悖论 2** 沿着单位正方形的网格将一个 8×8 的棋盘切割成四个部分，其中两个是梯形，另外两个是三角形，如图 8 左所示。这四个部分组成了一个 5×13＝65(单位面积)的长方形，比原来的图形多出了 1 单位面积，你又会做出怎样的解释呢？

若是放大右边的长方形，就会发现对角线并不是一条直线，中间存在着面积为一个单位正方形大小的一个又长又细的平行四边形，只是肉眼不容易看清楚而已。

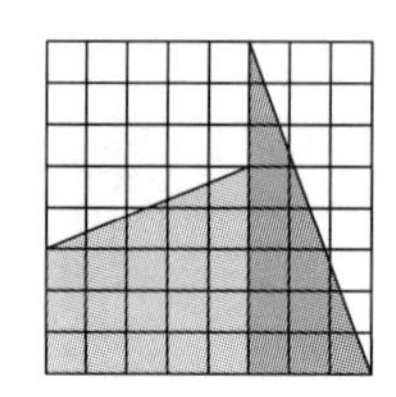
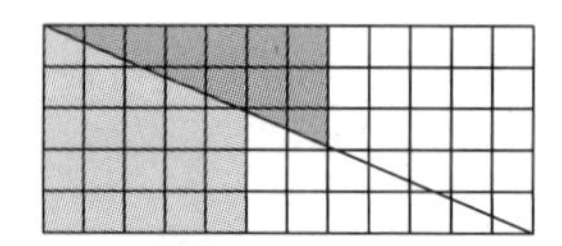

图 8

注意到众所周知的斐波那契数列：

1，1，2，3，5，8，13，21，34，55，…

利用数学归纳法可以证明，斐波那契数列中任何一项 $f_n$ 的平方，都等于它前后两项的乘积加 1 或减 1，即

$f_n^2=f_{n-1}\times f_{n+1}+(-1)^{n+1}$

例如，$2^2=1\times 3+1$，$3^2=2\times 5-1$，$5^2=3\times 8+1$，$8^2=5\times 13-1$，$13^2=8\times 21+1$，…

所以，令 $n=6$，$f_n=8$，$f_{n-1}=5$，$f_{n+1}=13$，$8^2=5\times 13-1$。

若按照图 8 的办法把正方形剪拼成矩形，正确的办法是：

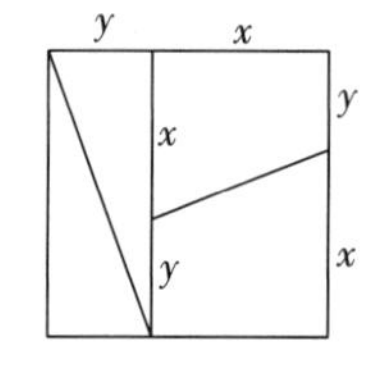

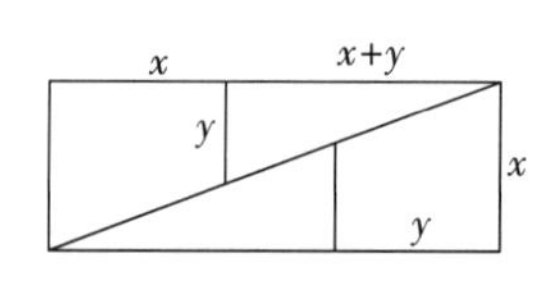


图 9

因为 $S_{正方形}=(x+y)^2$，$S_{长方形}=x(2x+y)$，欲使 $S_{正方形}=S_{长方形}$，则

$(x+y)^2=x(2x+y)$，

即 $x^2-xy-y^2=0$，

或 $\left(\frac{x}{y}\right)^2-\frac{x}{y}-1=0$，

解方程得 $\frac{x}{y}=\frac{1+\sqrt{5}}{2}$（舍去负根），或者 $\frac{y}{x}=\frac{2}{1+\sqrt{5}}=\frac{\sqrt{5}-1}{2}\approx 0.618$。

即要将正方形的一边进行黄金分割。

# 三个圆的问题

《三国演义》第四十八回“宴长江曹操赋诗”描写曹操自以为胜利在握，大局已定。在连锁的战船上大开筵宴，酾酒临江，横槊赋诗：

对酒当歌，人生几何：譬如朝露，去日苦多。
慨当以慷，忧思难忘；何以解忧，惟有杜康。
青青子衿，悠悠我心；但为君故，沉吟至今。
呦呦鹿鸣，食野之苹；我有嘉宾，鼓瑟吹笙。
皎皎如月，何时可辍？忧从中来，不可断绝！
越陌度阡，枉用相存；契阔谈宴，心念旧恩。
月明星稀，乌鹊南飞；绕树三匝，无枝可依。
山不厌高，水不厌深；周公吐哺，天下归心。

此诗意气纵横，踌躇满志。可惜不久，便赤壁一火，灰飞烟灭。

诗里的“绕树三匝，无枝可依”很容易使我们联想到一个数学问题：乌鹊绕树三匝，飞行的轨迹是什么呢？姑且假定它是三个圆吧，让我们来欣赏与三个圆相关的数学问题。

## 1. 阿波罗尼斯问题

古希腊数学家与天文学家阿波罗尼斯提出了一个著名的以他的名字命名的“阿波罗尼斯问题”：

假设一个平面上有三个圆，你可以用多少种办法使第四个圆与这三个圆都相切。

我们最多能找到 8 种不同的可能情况。因为第四个圆和原来的三个圆中的每一个圆都只有外切与内切两种可能，最多有 $2^3=8$ 种可能的不同情况，如图 1 所示。

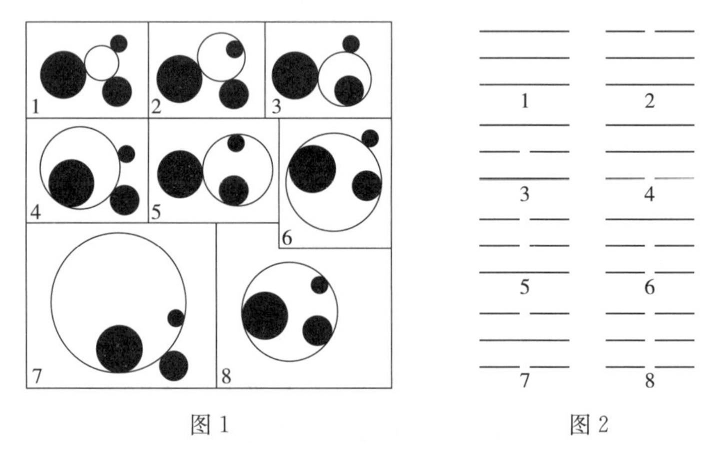


图 1　　图 2

如果把原有的三个圆用大、中、小编号，则第四个圆与大、中、小三个圆的关系可以用一个三爻卦表示：大圆与第四圆的关系为下爻，中圆与第四圆的关系为中爻，小圆与第四圆的关系为上爻，外切时用阳爻，内切时用阴爻。则各种可能的情况可用八卦表示。例如图 1 即可用图 2 表示。

## 2. 勒洛三角形

我们用如图 3 那样的“平行线夹具”去夹一个封闭图形，两条平行线间的距离叫作这个图形在某一方向上的“宽度”。如果用这个夹具去夹一个封闭图形，任一方向上的宽度都相等，那么这个图形叫作“等宽曲线”。

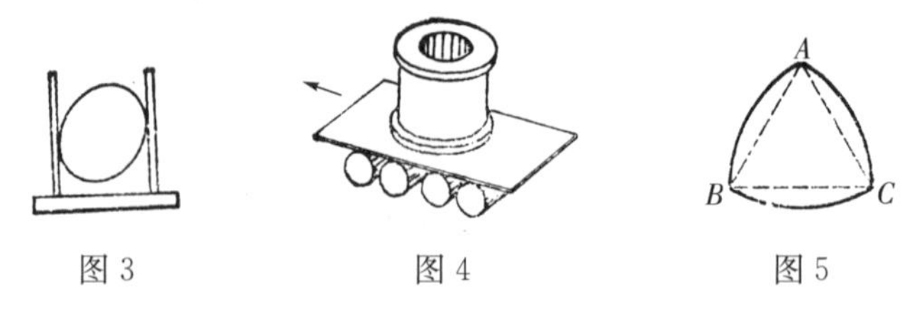


图 3　　图 4　　图 5

圆是最简单的“等宽曲线”。这条等宽曲线的宽度就是这个圆的直径。正因为如此，从前人们使用滚动工具将重物从一个地方移动到另一个地方时，圆柱体的滚筒是最理想的工具(图 4)。

除了圆之外，是否还有其他的等宽曲线呢？原来等宽曲线是无穷无尽的，最简单的一种非圆形的等宽曲线是勒洛三角形(图 5)，它是以德国工程师弗朗茨·勒洛(Franz Reuleaux，1829—1905)的名字命名的，要画出勒洛三角形并不困难。先画一个正三角形 $ABC$，然后分别以 $A$、$B$、$C$ 为圆心，以 $AB$ 长为半径画弧就可以了(图 6)。

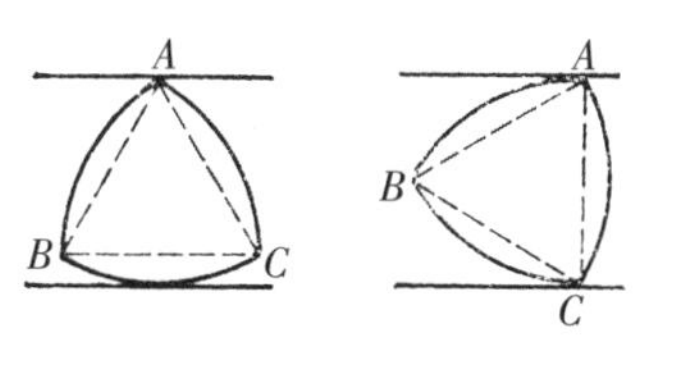

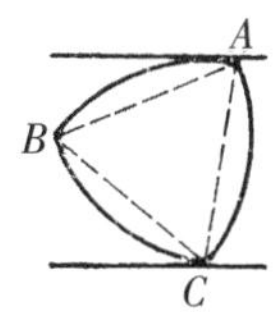


图 6

由图 6 不难看出，它是等宽曲线，它的宽度等于 $AB$。

勒洛三角形也是三个直径相等的圆两两相交所形成的图形(图 7)。

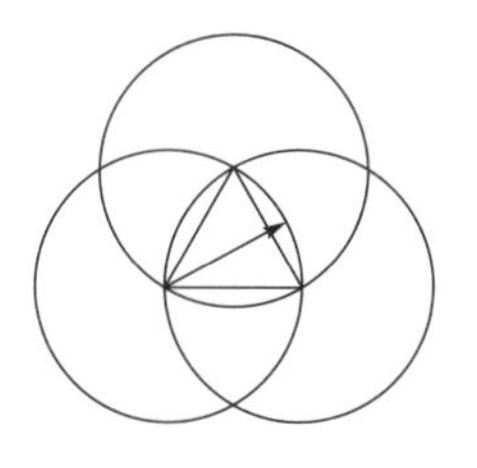
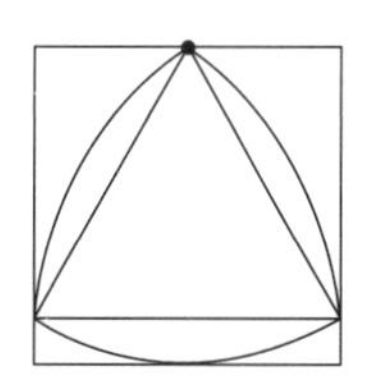

图 7

勒洛三角形在机械中很有用，例如可以用勒洛三角形状的钻头，钻出正方形的孔。勒洛三角形还有一个属性就是它的周长与宽度数值之比等于圆周率 π。

### 3. 马尔法蒂问题

意大利数学家马尔法蒂(Malfatti，1731—1807)于 1803 年提出并解答了下面的问题。

在一个三角形内画三个圆，每个圆与其他两个圆以及三角形的两边相切(图 8)。

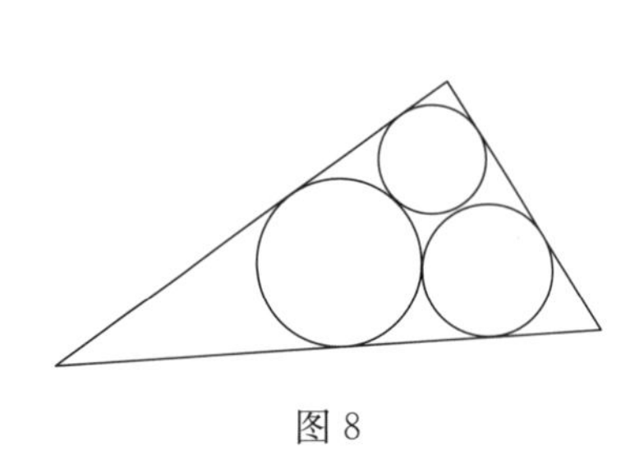

图 8

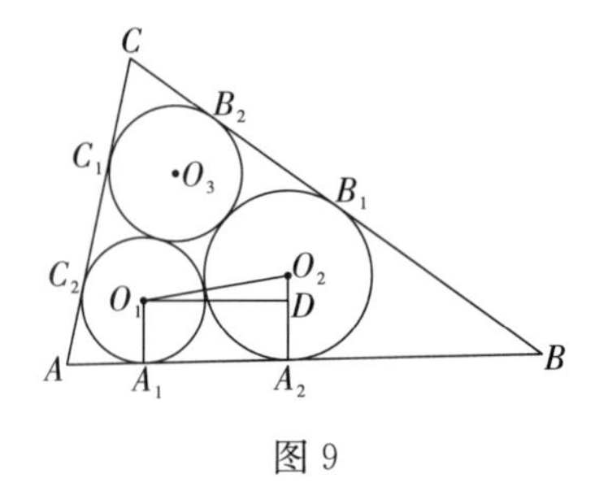


图 9

马尔法蒂问题可以按下法作图。

设已知△$ABC$ 的三边长为 $a$，$b$，$c$，$a+b+c=2S$，$A_1$、$A_2$、$B_1$、$B_2$、$C_1$、$C_2$ 分别为三个圆与△$ABC$ 三边的切点。并设 $AA_1=u$，$BB_1=v$，$CC_1=w$。

1. 设△$ABC$ 的半周长 $s=1$，

以 1 为直径作半圆，直径为 $KH$。在 $KH$ 上截 $KM=a$(△$ABC$ 的一边之长)，过 $M$ 引 $KH$ 的垂线交半圆于 $N$，设∠$KHN=\alpha$。则有(图 10)：

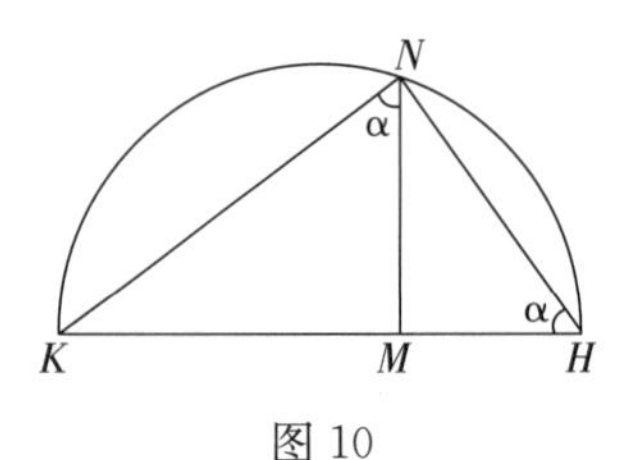


图 10

$\angle KNM=\angle KHN=\alpha$，$\alpha=KN\sin\alpha=KH\sin\alpha\sin\alpha=KH\sin^2\alpha=\sin^2\alpha$。

2. 用同样的方法作出角 $\beta$，$\gamma$，使得 $\sin^2\beta=b$、$\sin^2\gamma=c$。

3. 作角 $\lambda=\frac{1}{2}(\alpha+\beta+\gamma)$。

4. 作角 $\psi=\lambda-\alpha$，$\varphi=\lambda-\beta$，$\theta=\lambda-\gamma$。

5. 作出线段 $u=\sin^2\psi$，为此只要参照图 10 作 $\sin^2\alpha$ 的方法，在上述半圆上过 $H$ 作∠$KHN=\psi$ 交半圆于 $N$，过 $N$ 作 $KH$ 的垂线交 $KH$ 于 $M$，则 $KM=u$。

6. 用同样的方法作出 $v$，$w$，使 $v=\sin^2\varphi$，$w=\sin^2\theta$。

7. 在△$ABC$ 的 $AB$ 边上截 $AA_1=u$，$BB_1=v$，$CC_1=w$，过 $A_1$ 作 $O_1A_1\perp AB$，交∠$A$ 的平分线于 $O_1$，作⊙$O_1$($O_1A_1$)。同样作出⊙$O_2$，⊙$O_3$，这三个圆即为所求(图 9)。

在同一三角形内怎样作图才能使三个圆的面积最大呢？

1803 年，马尔法蒂认为他知道解决这个问题的方法，他提出：

当三个圆(马尔法蒂圆)彼此相切，并且分别与这个三角形的两条边相切时，就是这个问题的答案。

可是到 1930 年人们发现，截面是等边三角形时，马尔法蒂的“解决方法”并不奏效，这种情况下，当三个圆中的一个大圆与三角形的三条边相切显然面积更大更好(图 11)。

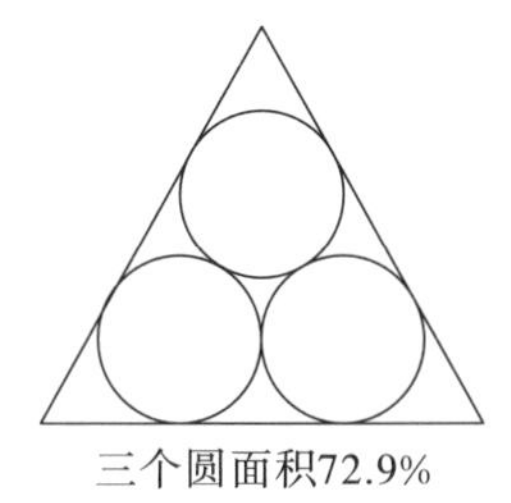


三个圆面积73.9%

图 11

不过，开始人们认为正三角形只是马尔法蒂解法的一个例外。但在 1965 年，霍华蒙·伊夫斯又发现，对又长又瘦的直角三角形，马尔法蒂提出的解决方法也是错误的。如图 12，显然，第二个三角形能够给出比马尔法蒂解法更好的答案。

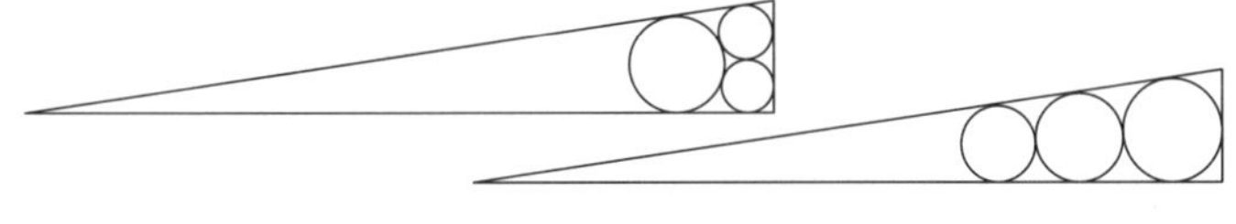

图 12

1967 年，迈克尔·戈尔德贝格终于证明马尔法蒂的解法是完全错误的。如图 13，正确的解决办法是三个圆中有一个圆与三角形的三条边相切。

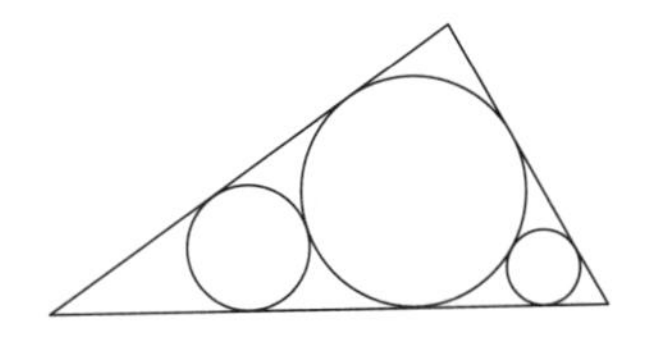

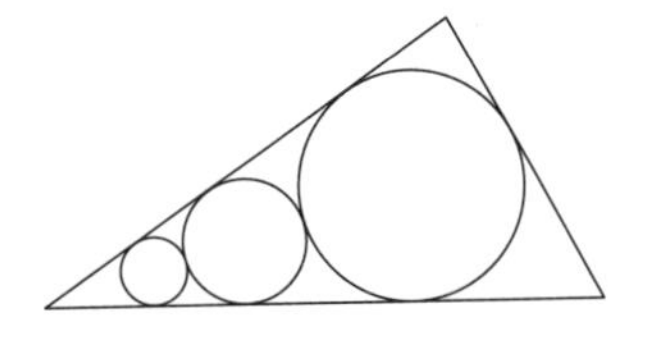

图 13

# 团结就是力量

《三国演义》第七十九回写曹操死后，曹丕继承王位。他的两个弟弟临淄侯曹植、萧怀侯曹熊二人不来奔丧。曹丕便兴师问罪。结果曹熊自杀；曹植则被曹丕派去的许褚擒回邺郡。曹丕对曹植始终存着戒心，怕他争夺王位，必除之而后心安。于是他采用相国华歆的计谋，召见曹植，限他七步吟诗一首。如果能，则免一死；如果不能，则从重治罪，决不姑恕！曹植请曹丕命题，曹丕以殿上悬的一水墨画为题。植行七步，作诗一首：两肉齐道行，头上带凹骨。相遇块山下，欻起相搪突。二敌不俱刚，一肉卧土窟。非是力不如，盛气不泄毕。丕又曰："七步成章，吾犹以为迟。汝能应声而作诗一首否?"并要求以兄弟为题。曹植略不思索，即口占一首曰：

煮豆燃豆萁，豆在釜中泣。本是同根生，相煎何太急！

曹丕听了，泪如雨下，才没有杀曹植，只把他贬为安乡侯。

在封建社会里，为了争夺至高无上的权力，父子猜疑，兄弟反目，互相残杀者比比皆是。曹操向来深谋远虑，临终之前，何以没有采取措施，告诫儿子们在其死后要团结互助，共同维护曹家子孙万代的基业呢?

七步成诗的悲剧使人们联想到《魏书》中记载的一个故事：

吐谷浑的国王阿豺有20个儿子，他在临终之前，把弟弟和20个儿子都召到面前，命人取来20支箭，先让弟弟拿一支箭，试试能不能把它折断，弟弟轻轻一折就断了。阿豺又让弟弟把剩下的19支箭捆成一束，当着儿子们的面，试一试能不能把一捆箭同时折断，弟弟用了吃奶的力气也未能折断。阿豺便对儿子们说："你们都看见了吗？单者易折，众则难摧，勠力一心，然后社稷可固”说罢便溘然长逝了。

民间也流传着一个类似的故事：

从前有一位老人，在临终的时候把 7 个儿子召集到床前，给每个儿子一支竹筷，让他们折断。每一个儿子都毫不费力地把它折断了。接着老人又将 7 支竹筷捆成一束交给他们，看谁能把 7 支竹筷同时折断。7 个儿子都试了一遍，谁也没有这个本领。于是，老人抓住这个事例语重心长地教育孩子们：“如果你们七兄弟能够团结一致，同心协力，就可以产生巨大的力量，克服一切困难，外人便不敢欺侮你们。如果你们互不团结，兄弟阋墙，就会受到外人的欺侮。”

这两个故事都是用形象的比喻，说明了一个平凡而伟大的真理：团结就是力量。但是这两个故事里却有一个不大为人注意的细节：老人有 7 个儿子，所以要儿子们折断 7 支一束的竹筷；阿豺有 20 个儿子，为什么却只让弟弟折断 19 支一束而不是 20 支一束的箭呢？

原来这里面有一个数学原理。

要折断一根圆柱形的箭需要多大的力量呢？根据力学的知识，当外力作用于箭时，箭会产生一个“挠度”，当挠度达到极限时，箭就会断裂。挠度 $f$ 按下面的公式计算：

$$f=\frac{4}{3}\times\frac{pl^3}{\pi d^4 E} \qquad ①$$

在公式①中，$f$ 表示挠度的大小，$p$ 表示作用的外力，$l$ 表示箭的长度，$d$ 表示箭的直径，$E$ 为弹性模量，与箭的材质有关。由公式①可见，当箭的长度、材质一定时，折断一根箭所需的力与箭直径的四次方成正比。

把一些圆柱形的箭捆成一束时，一般应让它成圆柱形，它的抗折断的能力最强，用多少根圆柱形的箭捆成一束时会成圆柱形呢？

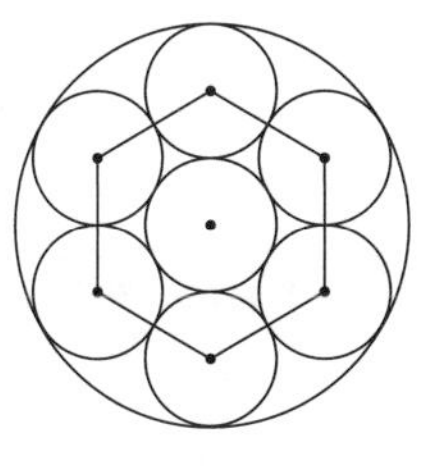
图 1

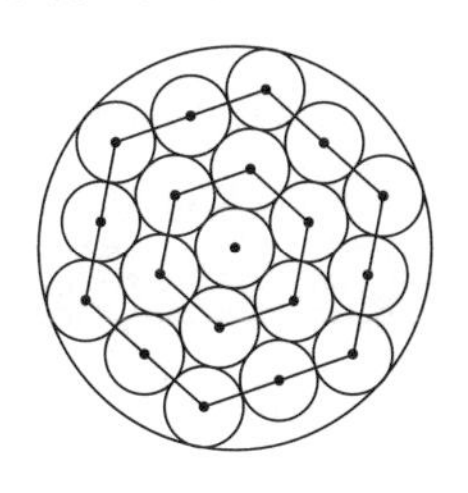
图 2

由图 1 知，以一个圆为中心，6 个相等的圆可环绕它一层；由图 2 知，18 个相等的圆可环绕 2 层……一般地，$3n(n+1)$个圆可以环绕 $n$ 层。因此，如果要捆成环绕 $n$ 层的一束，需要$[3n(n+1)+1]$支箭。

由图 1 知，当一根竹筷的直径为 1 时，7 支箭恰好可以捆成一个圆柱体，它的横截面的直径可近似地视为 3。所以折断 7 支一束的所需之力大约是折断 1 支箭所需之力的 $3^4=81$ 倍。同理，由图 2 知，19 根箭捆成一束时，也能捆成一个圆柱体，其横截面的直径可近似地视为 5，所以折断 19 支一束的箭所需之力大约是折断 1 支箭所需之力的 $5^4=625$ 倍。

这就是“单者易折，众则难摧”的道理。

对于图 2，数学史上有一个十分有趣的故事。1910 年美国有一个名叫亚当斯的铁路员工，是一位“幻方”的业余爱好者。他试图把 1，2，…，19 这 19 个数填在图 3 的 19 个圆的圆心处，使得每一条直线上的各数之和都相等，成为一个幻六边形。亚当斯不断探索，花了 47 年的时间，终于在 1957 年发现了如图 3 的填数法，其中每一条直线上的数之和都等于 38。他把答案寄给一位数学家，但是并没有引起那位数学家的重视，他以为那只不过是在成千上万的数学游戏中增加了一个小节目而已。后来在亚当斯的一再敦促下，那位数学家才认真去研究，竟然发现，图 3 的填数法是唯一的。并且，如果再增加圆的层数，类似的填数法都是不存在的。

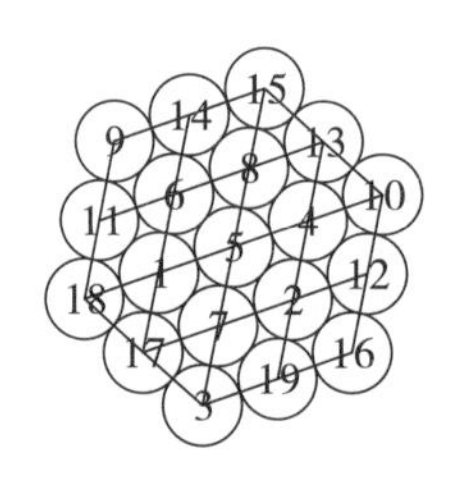


图 3

将图 3 中的圆扩展为 $n$ 层，诸圆心所构成的直线，可分成三个方向的平行线，每一个方向上都有$(2n+1)$条直线。设每一条直线上诸数之和为常数 $m$，则圆中各数之和为$(2n+1)m$。另一方面，前面证明了，$n$ 层圆围成的图中一共有 $3n(n+1)+1=3n^2+3n+1$(个)圆。圆中所填之数分别是 1，2，3，…，$(3n^2+3n+1)$，其和为

$1+2+\cdots+(3n^2+3n+1)=\frac{1}{2}(3n^2+3n+1)(3n^2+3n+2)$。

用两种不同方法求出的和应该相等，即有

$(2n+1)m=\frac{1}{2}(3n^2+3n+1)(3n^2+3n+2)$，

则 
$$\begin{aligned}2(2n+1)m&=(3n^2+3n+1)(3n^2+3n+2)\\&=[(n+1)(2n+1)+n^2][(n+1)(2n+1)+n^2+1]\\&=(2n+1)[(2n+1)(n+1)^2+(n+1)(2n^2+1)]+n^2(n^2+1)\end{aligned}$$

因为 $2m$ 是整数，所以 $2n+1$ 整除右边，从而整除 $n^2(n^2+1)$。注意到 $2n+1$ 与 $n^2$ 是互质的，便有 $2n+1$ 整除 $n^2+1$，从而有 $2n+1$ 整除 $4(n^2+1)$。但 $4(n^2+1)=(2n+1)(2n-1)+5$，推出 $2n+1$ 整除 5。即得 $n=0$ 或 $n=2$，$n=0$ 不合题意，故 $n=2$。即幻六边形只能是 2 层的。

还有另一类包容问题，也是足以发人深省的。

德国哲学家叔本华(1788—1860)写过一篇寓言——《冬天的豪猪》。在这篇寓言中，他主张人与人之间不能过分亲密，也不能过于疏远，要永远保持一种“合适”的距离。

下面是林语堂先生对这则寓言的译文：

有一冬天之夜，天降大雪，林中的豪猪冰冻不堪。后来大家寻到一间破屋，一齐进去。

起初，大家觉得寒冷，所以围做一团，大家分暖。因豪猪只只身上都是刺，一碰之后，不得不大家分开。分开之后，又觉得寒颤，又想团聚分暖。如此分后再合，合后再分，往返数次才找到一种适当的距离，既不相刺，又可稍微分暖，就此相安无事，一夜过去。

下面这个正方形内包容 10 个圆的问题，可以作为寓言的图解。

如图 4，在一个边长为 $a$ 的正方形内放下 10 个等圆，圆的直径 $d$ 最大可能是多少？

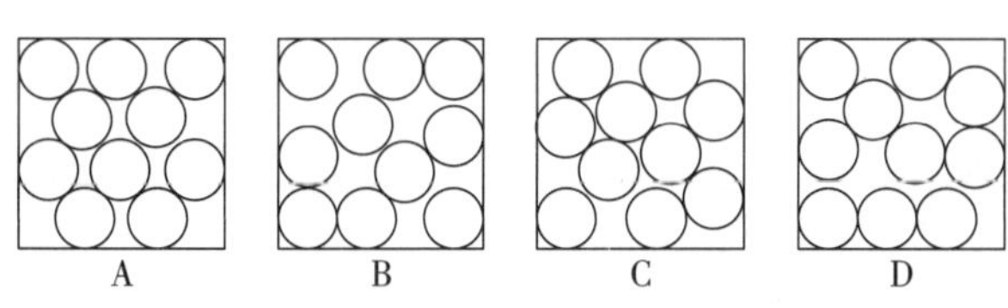


图 4

图 4 中列举了四种设计方案，一个比一个优越。

A 是戈德堡在 1970 年设计的，其 $d \approx 0.29412a$；

B 是谢尔 1971 年设计的，其 $d \approx 0.29555a$；

C 是米拉诺在 1987 年设计的，其 $d \approx 0.29629a$；

D 是瓦利蒂在 1988 年设计的，$d \approx 0.29636a$。

但是后来施吕特所设计的结构更好，在他的图中达到了 $d \approx 0.29640a$。

由此可知，所有设计方案都是试探性的，并没有从理论上证明是最佳结构，因而还有可能改进。这个问题的一般提法是：

给定一个边长为 $a$ 的正方形，现在要把 $n$ 个相等的圆嵌入其中，那么这些等圆的直径 $d$ 最大可能是多少？

# 长联嵌数咏诸葛

《三国演义》第一百三回写诸葛亮六出祁山的时候，在五丈原病危，于是他开设神坛，向天祈寿。“时值八月中秋，是夜银河耿耿，玉露零零，旌旗不动，刁斗无声。姜维在帐外引四十九人守护。孔明自于帐中设香花祭物，地上分布七盏大灯，外布四十九盏小灯，内安本命灯一盏。”令人遗憾的是，诸葛亮祈寿并没有成功。

诸葛亮临终之前，还单独召见了大将姜维，对姜维说：

“吾平生所学，已著书二十四篇，计十万四千一百一十二字，内有八务、七戒、六恐、五惧之法。吾遍观诸将，无人可授，独汝可传我书。切勿轻忽!”

诸葛亮诸事交代完毕，过几天就去世了。

诸葛亮是三国时期著名的政治家和军事家，表现出非凡的才智。他在刘备三顾茅庐之后，出使东吴，舌战群儒，说服孙权联刘抗曹，取得赤壁之战的胜利；后来又收取西川，七擒孟获，六出祁山，九伐中原。他为了匡复汉室，统一国家，“鞠躬尽瘁，死而后已”，被人们视为智慧的化身、忠诚的榜样，历来为人们所敬慕。历代的文人都有很多精彩的诗词和对联来描述其不凡的业绩。据说诸葛亮的祠堂里曾经有人撰写了一副对联的上联，概述了诸葛亮的平生业绩：

收二川，排八阵，六出七擒，五丈原前，点四十九盏明灯，一心只为酬三顾。

上联出来以后，很长时间都没有人对出合适的下联。

这副对联也引起了数学家的注意，蒋声、陈瑞琛两先生编的《趣味算术》一书中，不仅介绍了这个上联，同时还给出了用赵云长坂坡的事迹为对的下联：

抱孤子，出重围，匹马单枪，长坂桥边，战数百千员上将，独我犹能保两全。

从文字和内容上看，下联对得还是不错的。但是我觉得这个下联有两个不足之处。第一，从内容方面看，不是用诸葛亮的事迹而是用赵云的事迹作对，显得不够紧密协调。第二，从数字方面看，也有不足之处。在下联中10个数字不见了，代替这些数字的是孤、单、重、两、百、千等“准数字”，而且有一些重复，如孤与单、重与两等；有一些数字又没有出现，如三、四、五等，而且数字也没有对上数字，如上联的“五”对的是“长”，上联的“四”对的是“数”等。因此，这个下联对得似乎还略欠工整，能不能另对一个下联呢？

如果我们注意到诸葛亮的那段遗嘱，就会发现，这段话里也恰好有10个数字，而且讲的是诸葛亮的另一重要方面，拿它来作下联是最好不过的材料了。上联讲武，下联说文，文韬武略，相对相称。于是笔者试拟了一个下联：

上联：收二川，排八阵，六出七擒，五丈原前，点四十九盏明灯，一心只为酬三顾。

下联：明八务，戒七条，五惧六恐，九伐帐里，著二十四篇杰作，三分犹期见一匡。

“一匡”即统一，齐桓公“九合诸侯，一匡天下”。诸葛亮“九伐中原”，同样是为了“一匡天下”。

有趣的是，蒋声、陈瑞琛两先生的《趣味算术》一书中还把这副对联中的数字，编成了有趣的数学题。现在我们也拿对联中的数字，做几个有趣的数学题。

**例 1** 对联中上、下联数字出现的顺序为：

上联：2 8 6 7 5 4 9 1 3

下联：8 7 5 6 9 2 4 3 1

请你分别在数字之间(不改变数字的次序)插入适当的四则运算符号，使运算结果等于 100。

**分析** 解答这类问题，一般先挑出几个较大的数，使其运算结果接近 100，然后再对相差部分进行微调。下面是一个可供参考的答案：

上联：$2+8\times6+7\times5+4+9-1+3=100$；

下联：$8\times7-5+6\times9-2\times4+3\times1=100$。

这个问题还有其他的答案，请读者自己研究。

利用十个数字编创数学问题形成了一个特殊的趣味数学系列。

**例 2** 求一个能被 36 整除的十位数，使得十个不同数字 0，1，2，…，9 在它里面都出现，并且尽可能的大。

**分析** 要使一个数是 36 的倍数，只要使这个数同时是 4 的倍数和 9 的倍数。

这个数的各位数字之和是

$$0+1+2+3+4+5+6+7+8+9=45。$$

45 是 9 的倍数，所以不管这个十位数的数字怎样排列，一定是 9 的倍数。只要保证这个数是 4 的倍数就行了，而这又只要保证这个数的最后两位是 4 的倍数就行了。要使这个数尽可能大，大数字应该尽量往前排，因而所求的数是 9 876 543 120。

如果将问题改一改，把“尽可能大”改为“尽可能小”，答案又如何呢？那就只要把小数字尽量往前排并使最后两位能被 4 整除就行了，答案是 1 023 457 896。

**例 3** 在下表中的第二行里填进一个十位数，这个十位数的第一个数字表示这个十位数中 0 的个数，第二个数字表示这个十位数中 1 的个数，第三个数字表示这个十位数中 2 的个数，依此类推，最后一个数字表示这个十位数中 9 的个数。

| 0 | 1 | 2 | 3 | 4 | 5 | 6 | 7 | 8 | 9 |
|---|---|---|---|---|---|---|---|---|---|
| | | | | | | | | | |

**分析** 这个十位数在介绍自己，它的结构通过它的各位数字显露无遗。难怪马丁·加德纳称之为“自我描述的十位数”。用马丁·加德纳的话来说，它是这个系列谜题中最具美感的一个数。

因为在表中第一行有10个数字，所以所求的十位数的各个数字之和必定等于10。这一结论指出了所求十位数中各位数字可能的最大值。例如它的第一位数字不能超过6。

这个问题的唯一答案是6 210 001 000

| 0 | 1 | 2 | 3 | 4 | 5 | 6 | 7 | 8 | 9 |
|---|---|---|---|---|---|---|---|---|---|
| 6 | 2 | 1 | 0 | 0 | 0 | 1 | 0 | 0 | 0 |

即这个十位数中有6个0，2个1，1个2，0个3，0个4，0个5，1个6，0个7，0个8，0个9。

**例4** 证明：可以作一个直角三角形，使其三边的长均为整数，周长为104 112(104 112是诸葛亮著作的字数)。

**分析** 在解本题之前，我们先看另一个问题。

东汉末年一个名叫邯郸淳的人写了《笑林》一书，其中记载了不少寓言式的诙谐故事。许莼舫先生著的《古算趣味》一书中收进了用其中一则笑话改编的一道数学题，题目叫作《持竿进城》：

笨伯持竿要进屋，无奈门框拦住竹。
横多四尺竖多二，没法急到放声哭。
有个自作聪明者，教他斜竿对两角。
笨伯依言试一试，不多不少刚抵足。
借问竿长多少数，谁人算出我佩服。

如图1，设竹竿长为$x$，则门宽为$x-4$，高为$x-2$，根据勾股定理，依题意可列方程：

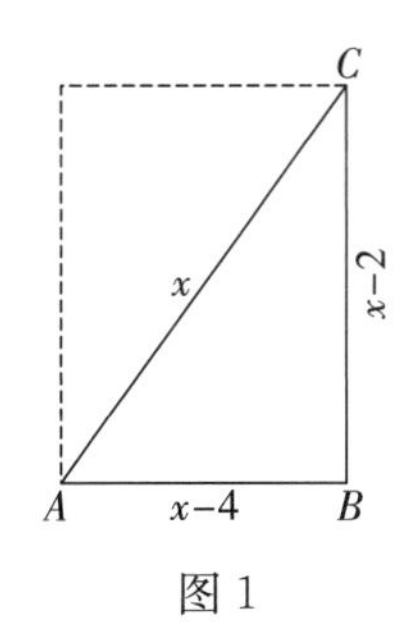


图 1

$$(x-4)^2+(x-2)^2=x^2,$$

化简，得
$$x^2-12x+20=0,$$

解之，即得 $x_1=2$(不合题意，舍去)，$x_2=10$。所以，竹竿长 10 尺。

图 1 中的直角△$ABC$ 三边的长分别是 6，8，10；周长为 $6+8+10=24$。因为 $104112=24\times4338=(6+8+10)\times4338=6\times4338+8\times4338+10\times4338$，以 $6\times4338$、$8\times4338$、$10\times4338$ 为三边的长作△$DEF$，则△$DEF$ 与△$ABC$ 的三边成比例，故△$DEF$∽△$ABC$，从而△$DEF$ 是边长均为整数，周长为 104112 的直角三角形。

# 杨修猜谜

《三国演义》第七十二回写曹操兵退斜谷，屯兵日久，欲要进兵，又被马超拒守；欲收兵回，又恐被蜀兵耻笑：心中犹豫不决。恰好厨师来进鸡汤。曹操见碗中有鸡肋，因而有感于怀。正沉吟间，夏侯惇入帐，禀请夜间口号。曹操随口说出："鸡肋！鸡肋!"于是夏侯惇把口令传下去。主簿杨修见传"鸡肋"二字，便教随行军士，各收拾行装，准备归程。有人报知夏侯惇。惇大惊，遂请杨修至帐中问曰："公何收拾行装?"修曰："以今夜号令，便知魏王不日将退兵归也：鸡肋者，食之无肉，弃之有味。今进不能胜，退恐人笑，在此无益，不如早归：来日魏王必班师矣。"

当天晚上曹操恰好夜巡，看见夏侯惇寨内军士准备行装。曹操非常惊讶，急忙回帐召夏侯惇询问，得知是杨修散布的言论，曹操大怒叱责杨修："汝怎敢造言，乱我军心!"喝刀斧手推出斩之，将首级号令于辕门外。原来杨修为人恃才放旷，数犯曹操之忌。并且杨修与曹操最有才华的儿子曹植过往甚密，曹操担心杨修的思想言行影响曹植，要杀掉杨修的心蓄谋已久，这次终于被曹操抓住了借口，毫不犹豫地把杨修杀了。

杨修与曹操两人都善于玩字谜游戏。

曹操曾经造一花园，造成之后，曹操看后不置褒贬，只拿笔在门上写了一个"活"字而去。众人皆不晓其意。杨修说："'门'内添'活'字，乃'阔'字也。丞相嫌园门阔耳。"于是再筑墙围，改造停当，又请操观之。操大喜，问曰："谁知吾意?"左右曰："杨修也。"操虽称美，心甚忌之。又一日，塞北送酥一盒至。曹操写了"一合酥"三字于其上。杨修见了，便与众人分食了。操问其故，修答曰："盒上明书'一人一口酥'，岂敢违丞相之命乎?"操虽喜笑，而心恶之。

有一本名叫《趣味代数》的书(蒋声、陈瑞琛编)竟把这个故事编成了一个数学谜语：

谜面：人口。打一四个字的成语。

将"人"字写在"口"字上面，很像"合"字，只是当中差了一横，在"人"与"口"的中间添上"一"字，再拍紧就得到"合"了。故谜底可猜"一拍即合"。

谜语是我国人民喜闻乐见的一种文学形式，它既可以提供娱乐，又能够启发心智。特别是字谜，它的出现竟然还与数学有点关系。我国南北朝时期有一位著名的诗人鲍照，他的艺术风格俊逸豪放、奇矫凌厉，直接继承了建安文学的传统。杜甫曾写诗称赞："清新庾开府，俊逸鲍参军。"鲍照曾经写过一首《字谜》：

二形一体，四支八头，四八一八，飞泉仰流。

这首诗粗粗一读，好像不大好理解，不知道它说些什么。原来它是一个谜语，谜底是汉字"井"。

诗中的"二形一体"是说，一个横写的"二"字和一个竖写的"二"字，交叉放在一起，就拼成"井"字。"四支八头"是从"井"字的字形描写它有四根支柱，八个接头。"四八一八"则是一道简单的数学题：四个八加一个八是五个八，五八得四十。"井"字恰好能拆开成四个"十"。最后一句"飞泉仰流"是描写人们从井中汲水的形象。四句诗中的每一句都可以单独作为"井"字谜的谜面，鲍照把它们糅合成一个整体，写成一首诗，可谓匠心独运、精巧绝伦。

鲍照对我国谜语的成形和发展，曾经起过奠基的作用。特别是以汉字作为谜底的谜语，即通常的所谓"字谜"，被认为就是从鲍照的《字谜》开始的。所以鲍照也被认为是我国字谜的创始人。鲍照的《字谜》，不但是"字谜"的创始，也可以看作是以数学题为谜面的滥觞。

因此我常常想，能不能把谜语的谜面设计成一道有趣的数学问题，谜底则是一个成语，让学生通过解答数学问题、创作谜语、学习成语等多方面的活动，获得文学与数学两方面思维的训练呢？

我们不妨把这类谜语称为数学谜语，它好像一个连环谜。

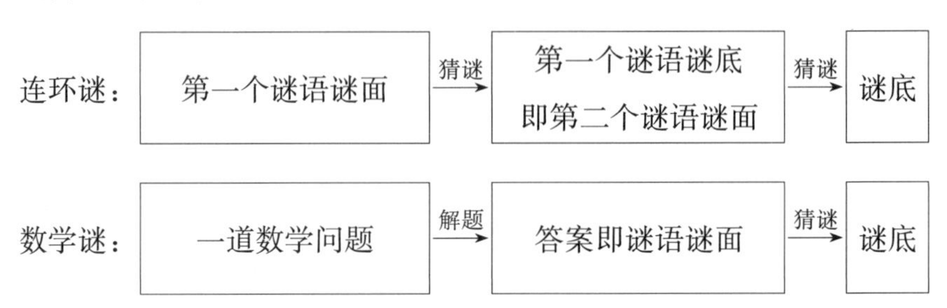


数学谜语题材十分广泛，写得好的也妙趣横生，引人入胜。

**例 1**　一家高级酒店有 100 个房间，依次编号为 1，2，…，99，100。酒店的服务台上有一块控制板，上面有 100 个依次编号为 1，2，…，99，100 的小灯泡，每个灯泡都有独立的控制开关，且灯炮编号依次对应房间编号。

这天一早，经理告诉服务员，今天有一大批房客会结账退房。服务员问哪些房客要退房，经理说："你自己算吧！开关板上的 100 个灯泡都是黑的，你现在把号数为 1 的倍数的开关按一下，再把号数为 2 的倍数的开关按一下，再把号数为 3 的倍数的开关按一下，…，最后把号数为 100 的倍数的开关按一下。这时，不亮灯泡编号对应房间的客人都退房，亮的灯泡编号对应房间的客人都继续住店。"试问：走了多少位房客？

**解**　一个开始不亮的灯泡，按一下亮了，按两下熄了；按三下又亮了，按四下又熄了；…；一般地说，按奇数下灯亮，按偶数下灯熄。根据题意可知，一个数如果是 $n$ 个数的倍数，或者说它有 $n$ 个正因数，它将被按 $n$ 下。当 $n$ 是奇数时灯泡是亮的，当 $n$ 是偶数时灯泡是熄的。例如，56 的正因数有 8 个：

1，2，4，7，8，14，28，56。

因此第 56 号灯泡的开关被按了 8 次，8 是偶数，结果灯是熄的。

一般地，一个数如果不是平方数，例如 56，把它的所有因数按从小到大排列，前后处于对称位置的两个因数总是配对的(1 与 56，2 与 28，4 与 14，

7 与 8)，它的因数个数总是偶数。只有平方数例外，例如 36 的因数有

1，2，3，4，6，9，12，18，36。

共 9 个因数，是奇数个。因为中间的因数 6，只能与自身配对，$6\times 6=36$。

由此可知，只有灯泡的编号是平方数时，它才是亮的。因为在 1 至 100 中恰有 10 个平方数，所以只有编号为 1、4、9、16、25、36、49、64、81、100 这 10 个灯泡亮着，这些房号里的客人没有离店；其余的灯都熄了，那些房号里的客人都走了。

谜语　把本题的答案当作谜语的谜面，请你打一成语。

谜底　因为 100 个房间里只留下 10 个房间的客人未走，其余 90 个房间的客人都走了，故谜底可猜“十室九空”。

**例 2**　如图 1，一颗棋子放在七角形棋盘的第 0 格，现在玩棋者依顺时针方向移动这颗棋子，且依次走 1，2，…，$n$ 格后停下(如第一次走 1 格，落在 1；第二次走 2 格，落在 3；余可类推)。试问：不断地玩下去，棋子在哪些格上有落子的机会?

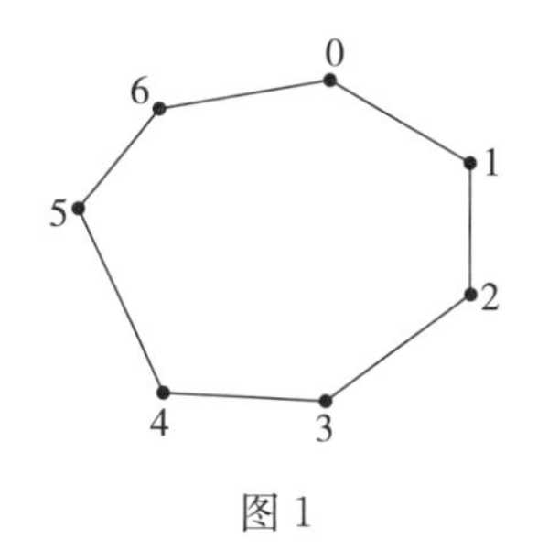


图 1

首先注意到，如果棋子从第 $m$($m=0$，1，2，3，4，5，6)格出发，转过了 $7k+n$($k$ 为自然数，$0\leqslant n\leqslant 6$)格，由于前 $7k$ 格恰好是 $k$ 个整圈，回到了第 $m$ 格，所以整个转动的结果，就相当于从第 $m$ 格出发转过了 $n$ 格。换句话说，棋子走了 $7k+n$ 步，相当于走了 $n$ 步。我们只要考虑棋子走了 0、1、2、3、4、5、6 步时棋子落在哪些格上就可以了。不难算出：

棋子走的步数：0、1、2、3、4、5、6；

棋子停留格数：0、1、3、6、3、1、0。

一般地，当棋子走了 $n$ 步时，转过的格数为

$$A_n=1+2+\cdots+n=\frac{1}{2}n(n+1) \quad ①$$

当棋子能停在某一格 $m$ 时，用 7 除 $A_n$ 的余数为 $m$，即应有

$$A_n=1+2+\cdots+n=\frac{1}{2}n(n+1)\equiv m \pmod 7 \quad ②$$

由②可知，棋子只在 0，1，3，6 四点落子，在 2，4，5 三点则永不停留。

谜语　用本题的结论作谜语的谜面，请你打一成语。

谜底　丢三落四。

# 数学中也有五虎大将

《三国演义》第七十三回说刘备晋位汉中王后，派遣费诗给关云长送封诰，云长问曰：“汉中王封我何爵?”诗曰：“五虎大将之首。”云长问：“哪五虎将?”诗曰：“关、张、赵、马、黄是也。”云长怒曰：“翼德吾弟也；孟起世代名家；子龙久随吾兄，即吾弟也：位与吾相并，可也。黄忠何等人，敢与吾同列？大丈夫终不与老卒为伍!”遂不肯受印。后来经过费诗的劝导，关羽才恍然大悟，拜受印绶。

关羽文韬武略、义薄云天，但也确实存在刚愎自用、目中无人的缺点。这个故事为日后失守荆州、败走麦城埋下了伏笔。

许多历史小说中常有评五虎大将的故事，但是这类做法常造成人们评头品足，互不服气，导致内耗，或者滥竽充数，徒有虚名。

其实，数学中倒真有五虎大将，它们互相配合，团结一致，在数学领域屡建奇功。在法国巴黎的发现宫中，有一个数学史陈列室，其中古代数学和近代数学部分的间墙上，悬挂着一个数学公式：

在这个等式中出现了五个数：e，i，π，1，0。

它们都是数学上十分重要的常数，把它们称作数学的五虎大将，代表整个数学的面貌，是一点也不过分的。它们都在数学中扮演着重要的角色，有着特别重要的地位和不平凡的历史。

让我们把这五个数逐一道来：

首先谈 1。1 是人类最早认识的数，自从人类形成了数的概念以后，第一个走进人类思维中的数就是 1。它是一切数系的奠基者，它是全体序数的带头人，它是联系许多重要公式的纽带。它还是许多数学对象的代名词：模 $m$ 的一个剩余类，“大衍求一术”的 1，必然事件的概率，二进制数两个数码之一，布尔向量两个状态之一，等等。

其次说 0。0 是位值制记数法的一个关键数字，只有在有了“0”之后，位值制记数法才能完善；只有有了完善的位值制记数法，数学的发展才得到飞跃。0 在数学中有着非常特殊的地位和重要的作用，它是正负数的分界点。以变量为特征的现代数学中，变量的极限是最重要的内容，极限正是通过无穷小量来认识的，而无穷小量则是一个以 0 为基础建立起来的概念。

第三谈 i。i 是虚数单位，$\mathrm{i}^2=-1$。虚数的出现，把人们带进了一个新的数的世界，大大地开阔了人们的眼界。把实数系扩张为复数系，是数学发展史上的一次飞跃。i 的出现，打破了负数不能开平方的人为的禁区，使得任何一个 $n$ 次代数方程恰好有 $n$ 个复根(包括重根)，它促进了一门重要的数学分支——复变函数论的诞生。复数还可与平面上的点建立一一对应关系，在更高的层面上展示了代数、几何之间的联系。

第四谈 π。π 是一个重要的无理数，它出现在许多重要的数学、物理公式中。如：

圆的周长 $C=2\pi R$($R$ 表示圆的半径)；

圆的面积 $S=\pi R^2$($R$ 表示圆的半径)；

球的体积 $V=\frac{4}{3}\pi R^3$($R$ 表示球的半径)；

单摆周期 $T=2\pi\sqrt{\frac{l}{g}}$；

欧拉反平方级数求和公式 $1+\frac{1}{2^2}+\frac{1}{3^2}+\cdots=\frac{\pi^2}{6}$；等等。

最后谈 e。e 与 π 一样，也是一个极为重要的无理数，它是当 $n\to\infty$ 时 $\left(1+\frac{1}{n}\right)^n$ 的极限，在微积分中离开了 e 便寸步难行。历史上大约没有比对数的发现，更让人意识到数学家对于人类文明的贡献了！人类能够方便地使用袖珍电子计算器进行计算，完全得益于对数的使用。世界上第一张对数表正是一张以 e 为底的四位对数表。

由此可见，0，1，i，π，e 这五个数真是数学中的“五虎大将”，它们来自不同的领域，地位显赫，能量巨大。一方面各显神通，为数学的发展和构建作出贡献；另一方面，又极为和谐地统一于一个简单的公式中，互为支撑，相得益彰。

也许有人要问：这个统一的公式是怎样得来的呢？原来在微积分中证明了 $e^x$，$\sin x$，$\cos x$ 这三个函数可以展开成泰勒级数：

$$e^x=1+\frac{x}{1!}+\frac{x^2}{2!}+\frac{x^3}{3!}+\cdots+\frac{x^n}{n!}+\cdots \tag{1}$$

$$\sin x=x-\frac{x^3}{3!}+\frac{x^5}{5!}+\cdots+(-1)^{n-1}\frac{x^{2n-1}}{(2n-1)!}+\cdots \tag{2}$$

$$\cos x=1-\frac{x^2}{2!}+\frac{x^4}{4!}+\cdots+(-1)^n\frac{x^{2n}}{(2n)!}+\cdots \tag{3}$$

在(1)中令 $x=ti$，则得：

$$e^{ti}=1+\frac{ti}{1!}+\frac{(ti)^2}{2!}+\frac{(ti)^3}{3!}+\cdots$$

$$=\left(1-\frac{t^2}{2!}+\frac{t^4}{4!}-\cdots\right)+i\left(t-\frac{t^3}{3!}+\frac{t^5}{5!}-\cdots\right)$$

与(2)(3)比较，即得：

$$e^{it}=\cos t+i\sin t \tag{4}$$

在(4)中再令 $t=\pi$，即得：

$e^{i\pi}=-1$，或 $e^{i\pi}+1=0$。

数学中的五虎大将，常常有许多你意想不到的作用，例如 0，著名的数学科普大师谈祥柏先生写过一篇文章，题目叫作《0 作焊料》，文章中指出了一些把 0 作为“焊接剂”的例子，将几个多位数连接起来后会产生许多奇妙的现象。

17 是一个很不平凡的自然数，数学王子高斯与正十七边形的故事是众所周知的。圆周率 $\pi$ 也是大名鼎鼎的，有人用超高速电子计算机算到了百千亿位。现在让我们去掉小数点，取其前七位得 3 141 592，再把这样的两段 7 位数，中间用 0 作“焊料”焊接起来，成为一个十五位数，这个十五位数 314 159 203 141 592 正好能被 17 整除。

$$314\ 159\ 203\ 141\ 592\div17=18\ 479\ 953\ 125\ 976。$$

黄金分割比 0.618…也是广为人知的。在许多自然现象和艺术作品中，都出现了黄金分割比的身影，它曾经伴随华罗庚先生走遍大江南北、长城内外，为推广优选法立下了汗马功劳。现在让我们用 3 个 0 把 4 段 618 焊接起来，再用高斯数 17 去除，也恰好能除尽：

$$618\ 061\ 806\ 180\ 618\div17=36\ 356\ 576\ 834\ 154。$$

谈先生还举了一个例子，19 与 91 互为反序数，它们是互质的，用 19 的大于 1 的因素不能整除 91，反过来也是如此。若我们用 0 作焊料，把两段 19 焊接起来，那么，19019 就能分别被 19 和 91 除尽了。

我们把这个问题展开讨论一下：除了 19 与 91 外，两位数中还有类似的反序数吗?

设一对反序数为$\overline{AB}$和$\overline{BA}$($A\neq B$，且 $A$、$B\neq0$)，用 0 将两个反序数中的一个黏合后，得五位数$\overline{AB0AB}=10^4A+10^3B+10A+B=(10^4+10)A+(10^3+1)B=(10^3+1)(10A+B)$。因为 $10A+B$ 与 $10B+A$ 互质，当且仅当 $10B+A$ 是 $10^3+1$ 的两位数因数时才有所要求的性质。因为 $10^3+1=1001=13\times11\times7$，所以 $10B+A$ 只能为 13 或 91，所以这样的反序数只有两对：13 与 31，19 与 91。

13 与 31 是一对更有趣的反序数。它们都是质数，并且其平方 169 与 961 仍然互为反序数。不难证明，在两位数的反序数中，两个都是质数且它们的平方仍为反序数的只有 13 和 31 这一对。

我们来证明这一结论：

设 $p=10m+n$ 与 $q=10n+m$ 都是质数，则 $m$，$n$ 都不能是偶数，也不能是 5，且不能相等。$m$，$n$ 只能取 1，3，7，9 中两个不同的数，4 个数中取两个的组合有 6 种，它们是：

1 与 3，1 与 7，1 与 9，3 与 7，3 与 9，7 与 9。

因为 91 与 39 不是质数；$17^2=289$，$71^2=5\ 041$；$37^2=1\ 369$，$73^2=5\ 329$；$79^2=6\ 241$，$97^2=9\ 409$，它们的平方都不再是反序数，所以 1 与 7，1 与 9，3 与 7，3 与 9，7 与 9 都不合条件，只有 1 与 3 所成的两个二位数，13 和 31 满足所要求的条件。

最后请大家猜一个数学谜语：

*左边一个天，右边一个天。去掉两根擎天柱，只见地来不见天。*

这个谜语，涉及一点易卦知识，谜底是“非”字。在“八卦”中有“乾为天，坤为地”的说法，“非”字左、右两边的三横都是一个乾卦“☰”，乾为天，所以谜语说“左边一个天，右边一个天”；中间的两竖则像两根擎天柱，把它们去掉之后，剩下的“☷”，便成了坤卦，坤为地，所以说“只见地来不见天”。这个谜语的构思非常巧妙，不熟悉八卦的人是很难猜到的。

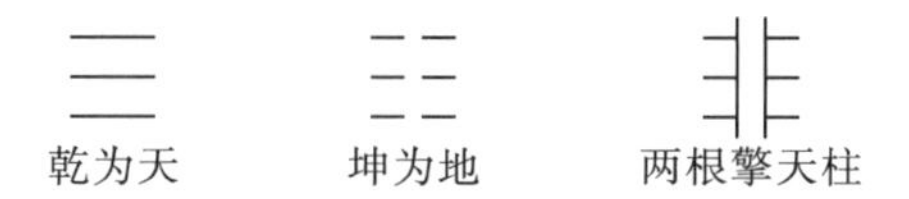


“非”字的结构很特殊，按照我国过去商业上记数的方法，左边正好是 31，右边正好是 13。

# 也谈曹冲称象

曹冲称象是一个妇孺皆知的故事，但是不知道为什么，《三国演义》中并没有片言只字提及曹冲，曹操四个儿子的序列中也未载有曹冲。是不是曹操根本就没有曹冲这个儿子呢？

据《三国志》记载："（曹冲）生五六岁，智意所及，有若成人之智。时孙权曾致巨象，太祖欲知其斤重，访之群下，咸莫能出其理。冲曰：'置象大船之上，而刻其水痕所至，称物以载之，则校可知矣。'太祖大悦，即施行焉。"

《三国演义》只是一部历史小说，当然可以对历史事件有所取舍，还可以虚构一些情节。不过有历史学家（例如陈寅恪）对曹冲称象的故事有所质疑，因为在许多更早的古籍中已经有类似的记载了。

不仅在三国之前就有类似曹冲称象的故事，国外也有许多类似的传说。在数学史上有一个几乎人尽皆知的故事：叙拉古国王亥厄洛让人为他做了一顶黄金的王冠，国王怀疑匠人在王冠中掺了假，熔进了一些别的金属，但又找不到证据，于是便委托阿基米德来解决这个问题。阿基米德从液体的浮力中受到启发，解决了这个问题。他的办法是：

第一步：准备一块与那顶有疑问的王冠一样重的金子，两者分别放入盛满水的盆中。

第二步：收集溢出的水，如果溢出水的体积是完全一样的，那就证明这顶王冠是用真金做成的。如果王冠使水溢出的体积更大一些，那就说明这顶王冠肯定掺杂了比黄金密度小的金属，从而使其体积比真金的体积大一些。最后检验出这顶王冠是掺了假的。

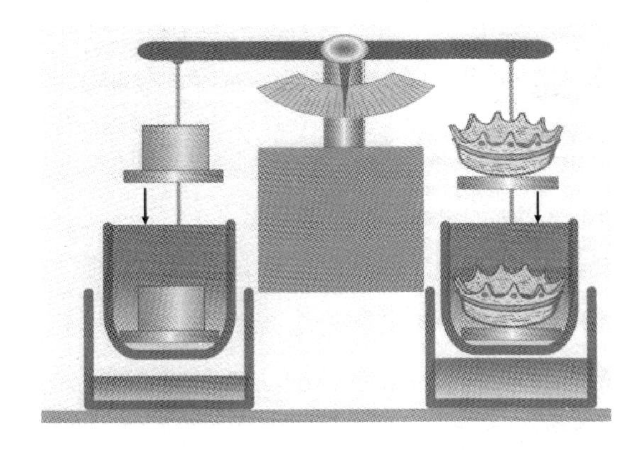

著名数学家莱布尼茨曾经说过："了解了阿基米德的人，对后来杰出人物的成就，就不那么钦佩了。"阿基米德生于西西里岛的叙拉古，是被人们公认的伟大数学家，他具有惊人的创造力和熟练的计算技巧。阿基米德既长于开辟新的数学领域，又注意严格论证，还精于巧妙的计算。特别是他能不顾当时世俗的偏见，将理论和实际应用密切结合，促进数学的发展，推动技术的进步。他既是伟大的科学家，又是杰出的发明家。特别地，他还是令人尊敬的爱国者。他曾经运用自己的数学知识，制造了许多机器，这些机器在保卫祖国，抵抗罗马军队入侵中发挥了重大的作用。

在阿基米德的墓碑上刻着一个圆柱图案，里面有一个球，球和圆柱相切，而且球的直径正好和圆柱的高相等。原来这正是阿基米德关于球的著名定理：

球的体积等于和它外切且等高的圆柱体积的三分之二。
球的表面积等于这个圆柱的表面积的三分之二。

谁为阿基米德立了这块特殊的墓碑呢？不是别人，竟是进攻叙拉古并杀死他的罗马军队统帅马塞拉斯。马塞拉斯在攻破叙拉古城池之日，出于对阿基米德才智的敬佩，下令士兵不要伤害阿基米德。一个罗马士兵冲进阿基米德的家里，这位已经 75 岁高龄的数学家正潜心在地上研究几何图形。罗马士兵将图形踩坏，阿基米德怒斥道："不准弄坏了我的图!"这个士兵命令阿基米德跟他走，阿基米德说："再给我一会工夫，让我把这条定理证完，不能给后人留下一条没有证明的定理啊。"那个野蛮的士兵一怒之下，拔剑杀死了阿基米德。一代哲人倒下了，他为了对科学的执着追求，献出了宝贵的生命。后来罗马统帅下令处决了那个士兵，并为阿基米德建立了一座颇为宏伟的陵墓，根据阿基米德的遗愿在墓碑上刻了这个“球内切于圆柱”的几何图形，使后人能永远怀念这位伟大的科学家。

阿基米德在数学上的众多贡献难以尽述，在这里我们只介绍一个广泛流传的趣味数学问题——太阳神的牛群。

这个问题据说是阿基米德献给他的挚友天文学家埃拉托色尼的，但也有人认为它是无名氏之作，假借阿氏之名望而流传的。

朋友，请告诉我，西西里岛上有多少头牛？如果你不缺少智慧，那就数一数吧！

这些牛分成四群，以不同颜色来区别：

乳白色的闪闪发亮，灰黑色的犹如海浪，红褐色的像一团火，杂色的像百花齐放。

每一牛群中都有雌雄，它们虽然数量众多，却遵循着下列规则：

白色公牛是黑色公牛的$\left(\frac{1}{2}+\frac{1}{3}\right)$加上褐色公牛数；

黑色公牛是杂色公牛的$\left(\frac{1}{4}+\frac{1}{5}\right)$加上褐色公牛数；

杂色公牛是白色公牛的$\left(\frac{1}{6}+\frac{1}{7}\right)$加上褐色公牛数；

白色母牛是黑色牛的$\left(\frac{1}{3}+\frac{1}{4}\right)$；

黑色母牛是杂色牛的$\left(\frac{1}{4}+\frac{1}{5}\right)$；

杂色母牛是褐色牛的$\left(\frac{1}{5}+\frac{1}{6}\right)$；

褐色母牛是白色牛的$\left(\frac{1}{6}+\frac{1}{7}\right)$。

朋友，请用你的智慧告诉我：各种颜色的公牛和母牛各有多少？

**解** 设白、黑、褐、杂四色公牛数分别为$X$，$Y$，$Z$，$T$，相应的母牛数为$x$，$y$，$z$，$t$，则据题意列方程组如下：

$$\begin{cases} X=\left(\frac{1}{2}+\frac{1}{3}\right)Y+Z, \\ Y=\left(\frac{1}{4}+\frac{1}{5}\right)T+Z, \\ T=\left(\frac{1}{6}+\frac{1}{7}\right)X+Z, \\ x=\left(\frac{1}{3}+\frac{1}{4}\right)(Y+y), \\ y=\left(\frac{1}{4}+\frac{1}{5}\right)(T+t), \\ t=\left(\frac{1}{5}+\frac{1}{6}\right)(Z+z), \\ z=\left(\frac{1}{6}+\frac{1}{7}\right)(X+x), \end{cases}$$

由前面三个方程可解出

$$X=\frac{742}{297}Z,\ Y=\frac{178}{99}Z,\ T=\frac{1580}{891}Z。$$

为了求得整数解，可令 $Z=891m$，于是

$$X=2226m,\ Y=1602m,\ T=1580m。$$

将后面四式整理后得

$$x=\frac{7}{12}(Y+y),\ y=\frac{9}{20}(T+t),$$

$$t=\frac{11}{30}(Z+z),\ z=\frac{13}{42}(X+x)。$$

从而有 $\begin{cases} 12x-7y=11214m, \\ 20y-9t=14220m, \\ 30t-11z=9801m, \\ 42z-13x=28938m。 \end{cases}$ 由此方程组可解得：

$$x=\frac{7206360}{4657}m,\ y=\frac{4893246}{4657}m,\ t=\frac{3515820}{4657}m,\ z=\frac{5439213}{4657}m。$$

为了得到整数解，可令 $m=4657n$，于是

$$X=10366482n,\ Y=7460514n,$$
$$T=7358060n,\ Z=4149387n,$$
$$x=7206360n,\ y=4893246n,$$
$$t=3515820n,\ z=5439213n。$$

1773 年，德国学者发现了一个希腊文本，在本问题的末尾又附加了两个条件：白色公牛和黑色公牛之和是一个完全平方数，杂色公牛和褐色公牛之和是一个三角形数。这样一来，满足问题答案的数字就更为庞大了。据计算，仅白色公牛数就有 $1598\times10^{206541}$，所有公牛总数为 $7766\times10^{206541}$，这么多的牛是整个地球甚至整个太阳系都容纳不下的！

# 战争谋略·解题思想（上）

# 猇亭鏖战以逸待劳

公元219年，蜀国大将关羽失守荆州，败走麦城，被东吴杀害。刘备急于起兵报仇，亲自率领数十万大军进攻东吴，孤军冒进，一下子攻占了东吴领土七百余里。

在此紧要关头，东吴起用陆逊为大都督，总制军马，抵御刘备。陆逊命令诸将各守险要不出。到了夏天，蜀军难耐酷热，便把营寨移于山林茂盛之地避暑。陆逊抓住机会，发动火攻，夜袭蜀兵，火烧蜀兵连营七百余里，刘备率领少数残兵败将，逃回白帝城。《三国演义》在第八十三、八十四回描述了这段历史。

在这次著名的蜀吴猇亭之战中，陆逊成功地使用了以逸待劳之计。《孙子兵法·军争篇》说："以近待远，以佚(通"逸")待劳，以饱待饥，此治力者也。"我国古代兵书《三十六计》把"以逸待劳"列为该书的第四计。其计云："困敌之势，不以战，损刚益柔。"意思是说，要使敌人处于困难的境地，不一定要直接出兵攻打，可以采取以逸待劳的办法，使敌人由强变弱，由优变劣，自己则注意充分休息，养精蓄锐，待到对手疲劳后，乘机出击取胜。

在数学中，也有一种可以称为以逸待劳的解题策略。特别是在一些带有博弈性质的对抗性数学游戏中，人们常常在操作中运用这一策略，使自己立于不败之地。

我们先看一个以逸待劳的简单例子。

甲、乙两人轮流在一个方形桌面上放同样大小的硬币，不能重叠，也不能超出桌面。当一方没有位置可放时，另一方获胜。问谁有必胜的策略？

先放硬币的甲有必胜策略。如图1，甲只要先在桌子的中心$O$处放一枚硬币，以后不管乙在什么地方放一枚硬币，甲总可以把一枚硬币放在其与 $O$ 中心对称的地方。继续这个过程，乙一定会出现没有地方可放的情况，从而甲胜。

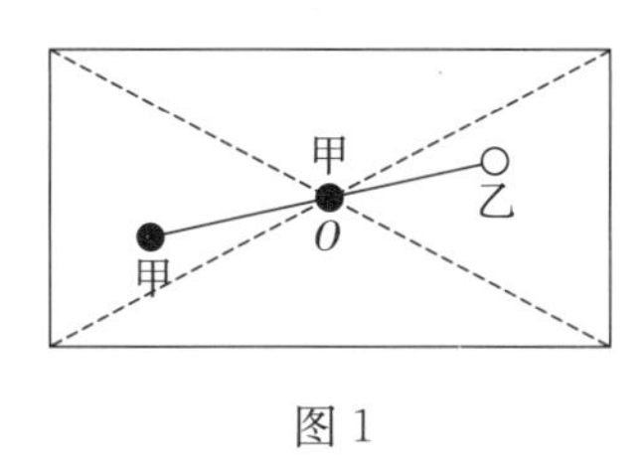


图 1

把这一思想进一步发挥，便可以用在许多类似的带有博弈性质的数学问题上。

**例 1**　有 100 根火柴，甲、乙二人轮流从中取走火柴，每次最少要取 1 根，最多可取 4 根，谁能取到最后一根就算谁获胜。试问：谁有必胜的策略？

**分析**　因为 100 是 5 的倍数，后取的乙只要设法控制，使先取者甲永远取不到 5 的倍数根火柴，则甲永无取胜的希望。为达到这一目的，乙只要控制在每一轮中两人所取的火柴数合起来总是 5 根即可。若先取者甲一次取 $i$ $(1\leqslant i\leqslant 4)$根，则乙取$(5-i)$根；这样，甲每次取得火柴数都不是 5 的倍数，永远也取不到第 100 根，因而不会有任何取胜的机会。乙则一定能取得最后一根而获胜。

把这个问题的条件略加改造，便可得到下面的问题：

一堆火柴，两人从中轮流取走若干根，每次只允许取走 $p^n$ 根火柴，其中 $p$ 为素数，$n$ 为自然数。不准不取。谁取得最后一根火柴即获胜，问谁有获胜策略？

**分析**　因为 $1=2^0$，$2=2^1$，$3=3^1$，$4=2^2$，$5=5^1$，它们都可以表示成 $p^n$($p$ 为素数，$n$ 为自然数)的形式，所以我们一次可以取走 1 根、2 根、3 根、4 根或 5 根火柴。但 $6=2\times3$，任何一个 6 的倍数，都至少含有 2 和 3 两个不同的素因数，不能写成一个素数的幂，所以当火柴是 6 的倍数时，就不能一次取完。一方只要在每一步取掉火柴之后都留下 6 的倍数给对方，对方就不能在下一步把火柴全部取走。即当火柴数为 $6m+k(k=0)$时为失败状态；当火柴数为 $6m+k(k\neq 0)$ 时为取胜状态。因此：

(1)如果火柴总数开始时是 6 的倍数，则后取的人获胜。

(2)如果火柴总数开始时不是 6 的倍数，则先取者胜。因为他只要第一次把火柴数除以 6 的余数取走，剩下的火柴数是 6 的倍数，情况就转化为(1)，原来的先取者变为后取者，因而获胜。

**例 2** 在方程 $x^{10}+*x^9+*x^8+\cdots+*x^2+*x+1=0$ ①

中，“$*$”表示系数。由甲开始，甲、乙两人轮流操作。每次操作可将一个“$*$”改为一个实数。9 次操作后，如果得到的多项式至少有一个实数根，则乙获胜。求证：乙有必胜策略。

**分析** 本题与上题不同之处在于最后一次由甲操作，而甲如何操作是乙不能控制的，乙只能事先设法使甲最后一次操作不发生影响。

乙获胜的条件是方程有实数根。方程 $F(x)=0$ 有实数根的一个充分条件是：存在实数 $a$，$b$，$c(c>0)$，使

$$cF(a)+F(b)=0。\qquad ②$$

这时，$F(a)$，$F(b)$或者都为 0，或者符号相反。若它们符号相反，则当 $x$ 从 $a$ 变到 $b$ 时，$F(x)$的图象穿过横轴。所以，在上述条件下，$F(x)$在闭区间$[a, b]$或$[b, a]$上有根。因为正数 $c$ 是可以选择的，乙可以通过适当选择 $c$ 以消除甲的最后一次操作的影响。

**证明** 假设双方操作 7 次(甲 4 次，乙 3 次)以后，加上首尾两项的系数为 1，一共有 9 项的系数已经确定，设这 9 项组成的多项式为 $P(x)$。因为原方程有 5 个奇次项，所以乙可以控制在甲操作 4 次后还剩有一个奇次项未经操作改变其系数“$*$”，设该奇次项为 $x^{2k+1}$，于是可设

$$F(x)=P(x)+\mu x^m+\lambda x^{2k+1}=0。\qquad ③$$

其中 $P(x)$为已经确定了系数的多项式，$\lambda$，$\mu$ 为待定系数。取

$$a=1，b=-2，c>0(待定)，$$

使②式成立，即

$$cF(1)+F(-2)=c[P(1)+\mu+\lambda]+[P(-2)+\mu(-2)^m+\lambda(-2)^{2k+1}]=0，$$

若 $c=2^{2k+1}$，则上式中的 $\lambda$ 消去，甲的最后一次操作的影响即被消除。由此可以解出

$$\mu=\frac{-P(-2)-cP(1)}{c+(-2)^{m}}$$

乙只要在其第四次操作时将 $x^{m}$ 前面的“*”改为 $\mu$，则不论甲在下一次如何操作，原方程在闭区间[－2，1]上恒有根，因而乙必获胜。

**例 3** 图 2 是一个 9×9 的正方形大棋盘，图上标出了按次序编号的 60 个格点，只有最外边的 5×4＝20 个格点和⑧与⑨之间一点共 21 点不用。

游戏的玩法是一人取白棋子一颗，放在⑥的位置，另一人取黑棋子一颗，放在55的位置。随后双方轮流走子，每一次可以在一条横线或一条纵线上任意走一步或几步。走子时要遵守下列三条规则：

1. 棋子不允许和对方的棋子在同一直线上；

2. 不能跨越对方棋子所在的直线；

3. 所有空格点只准通行，不能停放棋子。

胜负规则是：双方按照上面的规定走动自己的棋子，谁被逼得无路可走时，就算失败。说得更明确一些，如果一方的棋子被逼走到①、④、57或60的 4 个角上，而对方的棋子却对应地占据了⑥、⑪、49或55的位置，那么前者已经无路可走，就算输了。因此，这种游戏的名字就叫作“请君入角”。

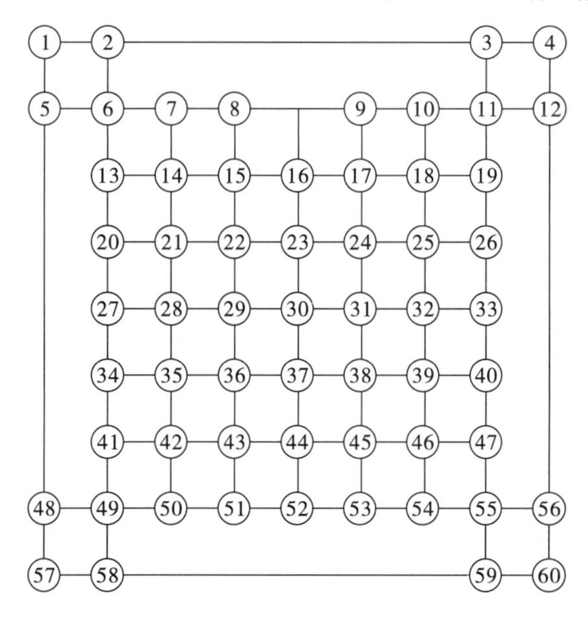

图 2

下面是一种可能走法的实例。

(1)黑 55→52，白 6→13；

(2)黑 52→23，白 13→15；

(3)黑 23→26，白 15→13；

(4)黑 26→21，白 13→2；

(5)黑 21→7，白 2→3；

(6)黑 7→6，白 3→4。

第五步时，白子只能由 2→1 或 2→3，无论走哪一步都会输。

取胜的秘诀是：黑子每一次移动，必须要和白子正好处于正方形的对角位置。例如，白子如果走到 7，黑子就必须走到 47；白子如果走到 27，黑子就必须走到 52。并且，如果黑子先走的话，第二步一定要走到 23。

其中的道理请读者自己去想一想。

# 乌巢烧粮釜底抽薪

《三国演义》第三十回写曹操与袁绍对峙于官渡。曹操军粮告竭，急发使往许昌令荀彧作速措办粮草，星夜解赴军前接济。使者赍书而往，行不上三十里，被袁军捉住，缚见谋士许攸。许攸少时曾与曹操为友，此时却在袁绍处为谋士。当下搜得使者所带的曹操催粮书信，便来见袁绍献计："曹操屯军官渡，与我相持已久，许昌必空虚；若分一军星夜掩袭许昌，则许昌可拔，而操可擒也。今操粮草已尽，正可乘此机会，两路击之。"袁绍不听，认为催粮书信只是诡计多端的曹操的诱敌之计。恰好这时审配向袁绍举报，许攸纵容子侄辈科税贪污，已收其子侄下狱。袁绍大怒，怀疑许攸是曹操间谍。许攸暗步出营，径投曹寨。许攸向曹操献计："袁绍军粮辎重，尽积乌巢，今拨淳于琼守把，琼嗜酒无备。公可选精兵诈称袁将蒋奇领兵到彼护粮，乘间烧其粮草辎重，则绍军不三日将自乱矣。"曹操采用了许攸之计，星夜率兵前往乌巢，一把火把袁军粮草烧得精光。袁绍失了粮草，军心大乱，结果大败而逃。

俗话说："大军未动，粮草先行。"粮草是军队的命脉，军队没有粮食，士兵没有饭吃，怎能打仗。阻断敌军的粮食供应，是釜底抽薪的计谋。釜底抽薪是《三十六计》中的第十九计，它的谋略思想是：面对强敌，不宜直接以力对抗，而是削弱它取胜的根本态势，使对方表面刚劲强胜，但底部柔弱疲软，最后归于失败。就像要使滚开的水止住沸腾一样，正面地去"扬汤止沸"，费力而无效果，最好的办法是抽掉锅底的柴薪，使锅底的火熄灭，已沸腾的水就会慢慢地冷下去。

在一些对抗性的数学游戏中，我们常常使用逆推法。逆推法是从最后一步入手，分析对方要想最后获胜，必须具备什么条件，本方只要采取釜底抽薪的策略，设法阻止对方实现这一条件，本方必然获胜。

为了说明这一思想，我们先从一个抓棋子问题谈起。

有两堆棋子 $M$，$N$，各含有 $m$ 枚、$n$ 枚棋子。甲、乙两人轮流取棋子，每人每次可以从一堆中取走任意数目的棋子(可一次取走一堆)，最后的棋子由谁取走，谁获胜。试问：谁有获胜的策略？

**分析** 以$(a, b)$表示 $M$，$N$ 中在某次取走后分别剩余的棋子数，称为双方操作过程中的一个“状态”。开始时的状态为$(m, n)$，称为“初始状态”。最后达到的取胜状态为$(0, 0)$，称为“决胜状态”。谁率先达到决胜状态，谁就获胜。

在操作过程中，状态不断发生变化，两数中有且仅有一个发生改变(变小)，所有的状态可分为两类：

(1)$a=b$，是一种取胜状态，注意决胜状态$(0, 0)$就是取胜状态；

(2)$a\neq b$，是一种失败状态。

取胜状态经一次操作后，必成为失败状态：由 $a=b$ 必变成 $a\neq b$。

失败状态经一次适当操作后，可使之成为取胜状态。例如，当 $a>b$ 时，从 $M$ 中取走 $a-b$(正整数)枚棋子便得到取胜状态$(b, b)$。

保证获胜的操作方式是：

当 $m\neq n$ 时，为了获胜，应该争取先取，从棋子多的一堆中取走多出的棋子，使两堆棋子数目相等；然后，当对方从一堆中取走若干棋子时，胜方从另一堆中取走相同数目的棋子。这样就能控制取胜状态，直至获胜。

当 $m=n$ 时，应该让对方先取，对方无论从一堆中一次取走多少枚棋子，本方即面临 $m'\neq n'$ 且先取的状态，因而获胜。

利用这个原理，可以解决许多博弈问题。

**例 1** 将 $m\times n$ 的矩形分成 $1\times 1$ 的小方格，称为棋盘。一枚棋子置于左下的方格 $A$ 中，甲、乙两人轮流操作，每次可将棋子向右、向上或向右上移动到相邻的方格中。谁率先将棋子移动到右上的方格 $B$ 中，谁获胜。求制胜策略。

**分析** 按 $m$，$n$ 的奇偶性分为三种情况：

(1)$m$，$n$ 均为奇数。

将棋盘按图 1 所示的方式着色，小方格按颜色分为黑白两类。因为 $m$，$n$ 均为奇数，故 $A$，$B$ 同色(同为黑色)。由着色的方式容易看到，位于黑色方格中的棋子，经移动必进入白色方格，而位于白色方格的棋子，经适当方式的移动，可以进入黑色方格。

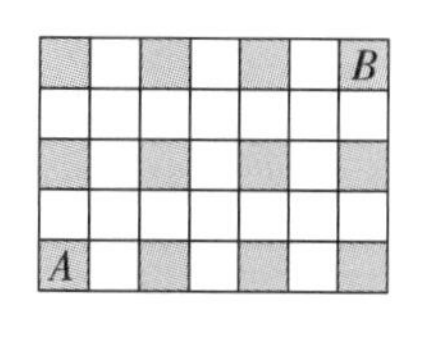


图 1

决胜状态：棋子位于黑格 $B$。

取胜状态：棋子位于黑色格。

失败状态：棋子位于白色格。

制胜策略：让对方先操作。

对方先操作，他必定将黑格 $A$ 中的棋子移入白格，胜方可将棋子重新移入黑格，对方再次移入白格，如此反复。因为胜方控制了取胜状态，所以最终将棋子移入 $B$ 格而获胜。

(2)$m$，$n$ 一奇一偶。

不妨设 $m$ 为偶数。为了获胜应该争取先操作：将棋子向上移动一格，相当于去掉最后一行，将棋盘化为$(m-1)\times n$ 的形式，归结为情况(1)让对方操作，依情况(1)所述的策略可以获胜。

(3)$m$，$n$ 均为偶数。

为了获胜应该争取先操作：将棋子向右上方移动一格，相当于去掉一行一列，将棋盘化为$(m-1)\times(n-1)$的形式，归结为情况(1)让对方先操作，依情况(1)所述的策略可以获胜。

**例 2**　一枚棋子在 $n\times n$ 个格子的棋盘的角上，两个人轮流把它挪到相邻的格子中去(即挪到与这个棋子所在格子有公共边的格子中)。棋子不能第二次走到某一格子中，无处可走的人就算输给对方。

(1)证明：如果 $n$ 为偶数，那么先走的人能赢；如果 $n$ 为奇数，则后走的人能赢。

(2)如果最初棋子不在角上的格子中，而在与它相邻的一个格子中，那么谁将取胜?

**分析** (1)如果 $n$ 为偶数，则先走者能赢；如果 $n$ 为奇数，则后走者能赢。

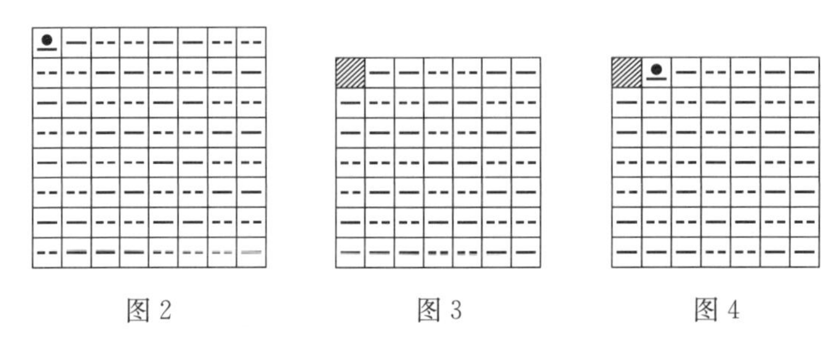

图 2　　图 3　　图 4

如图 2，当 $n$ 为偶数时，把棋盘划分成一些 $1\times2$ 的区域(多米诺骨牌)，分别两两放上两种不同的符号作出标识，例如阳爻“—”和阴爻“——”，使每个区域内都放两个相同的符号。棋子在角上时，先走者可将棋子移至与棋子所在区域相同的另一格(封闭多米诺骨牌)，以后每一步都照此办理，则先走者必胜。

当 $n$ 为奇数时，可除掉棋子所在的左上角后，再把剩下的格子划分为一些多米诺骨牌区域(第一列从上往下划分，剩下的偶数列从左至右划分，如图 3)。当先走者把棋子移到某一区域时，后走者就处于 $n$ 为偶数时先走的那种情况，故后走者能赢。

(2)先走的人始终能赢。

当 $n$ 为偶数时，先走者可将棋子放入左上角，后走者不能把棋子重新返回原来放棋子的格子，先走者就处于与(1)相同的情况，故能赢。当 $n$ 为奇数时，同样当把角上的格子去掉以后划分成多米诺骨牌区域时，如图 4 所示，先走者把棋子移动到画阴影的角上格子中去，这样，先走者就处于(1)中 $n$ 为奇数时后走者的境况，故必定能赢。

在棋盘划分成多米诺骨牌后，取胜的一方不必再做什么考虑，只要坐等对方无处放子的时候，便可稳操胜券。

# 定军山前反客为主

《三国演义》第七十、七十一回写刘备与诸将计议夺取定军山，老将黄忠主动请缨前往。孔明急忙劝止他说："老将军虽然英勇，然夏侯渊非张郃之比也。渊深通韬略，善晓兵机，……操不托他人，而独托渊者，以渊有将才也。"但是黄忠坚持要去，诸葛亮便派谋士法正一同前往，吩咐黄忠凡事计议而行。黄忠与法正引兵屯于定军山口，累次挑战，夏侯渊都坚守不出，欲要进攻，又恐山路危险，难以料敌，只得据守，与法正商议破敌之策。法正认为：可用"反客为主"之计。于是黄忠偷袭了定军山西面一座对山，对山四下皆是险道，在山上能看清定军山的虚实。夏侯渊听说黄忠夺了对山，对自己固守十分不利，必须夺回，立即率兵把对山团团围住，大骂挑战。原来是黄忠围住定军山挑战夏侯渊，现在反过来是夏侯渊围住对山挑战黄忠。黄忠听取法正的计谋，任从夏侯渊百般辱骂，只不出战。午时以后，曹兵锐气逐渐消失，多下马坐地休息，这时蜀军才开始出击。鼓角齐鸣，喊声大震，黄忠一马当先，驰下山来，犹如天崩地塌之势。夏侯渊还没有反应过来，黄忠已到眼前，大喝一声，手起刀落，将夏侯渊砍为两段。

可怜夏侯渊一代名将，身经百战，骁勇过人，就这样稀里糊涂死在了老将黄忠刀下。蜀国将军刘封、孟达趁势夺取了定军山。

在这场战斗中蜀军使用了两个计谋，一个是反客为主之计，另一个是以逸待劳之计。

反客为主是《三十六计》中的第三十计。其计曰："乘隙插足，扼其主机，渐之进也。"其大意是乘着有空隙就插足进去，设法控制敌人的首脑机关，但必须循序渐进。反客为主的原意是：主人不会待客，反受客人招待，不符合通常的主客关系，比喻变被动为主动。运用于军事，这则是一种争取由弱变强，由被动变主动的谋略。

在数学问题中，也常常使用反客为主的方法。

1998 年全国初中数学竞赛中有这样一道试题：

如果不等式组$\begin{cases}9x-a\geqslant 0,\\8x-b<0\end{cases}$的整数解仅为 1，2，3，那么适合这个不等式组的整数 $a$，$b$ 的有序对$(a, b)$共有 （　　）

A. 17 个　　B. 64 个　　C. 72 个　　D. 81 个

一般的问题会给出常数 $a$ 和 $b$ 的范围，求满足条件的所有整数 $x$。但此题却反客为主，先从已知不等式组解出 $x$，得$\frac{a}{9}\leqslant x<\frac{b}{8}$。

为了使满足上式的全部整数只有 1，2 和 3，必需且只需$\begin{cases}0<\frac{a}{9}\leqslant 1,\\3<\frac{b}{8}\leqslant 4。\end{cases}$

由此知满足条件的 $a$，$b$ 值是：

$$a=1，2，3，\cdots，9(共 9 个)，$$

$$b=25，26，\cdots，32(共 8 个)。$$

故满足条件的有序整数对有 $9\times 8=72$(个)，选 C。

**例 1**　分子为 1，分母为整数的分数称为单位分数。今有 49 个圆形的小塑料盘上分别写有下面 49 个单位分数：

$$\frac{1}{2}，\frac{1}{3}，\cdots，\frac{1}{49}，\frac{1}{50}。$$

请你从其中选出 7 块，使 7 个分数的和恰好为 1。

**分析**　对这个问题反过来思考也许更加有利：如果从众多的简单分数里面挑选 $n$ 个数并使它们的和为 1 不太容易的话，那么，为什么不反过来，从简单的 1 开始，把它拆开成 $n$ 个单位分数呢？这只要能巧妙地运用两个恒等式$\frac{1}{2}+\frac{1}{3}+\frac{1}{6}=1$和$\frac{1}{n}-\frac{1}{n+1}=\frac{1}{n(n+1)}$就可以了。如

$$1=\frac{1}{2}+\frac{1}{3}+\frac{1}{6}=\frac{1}{3}+\frac{1}{6}+\frac{1}{4}+\frac{1}{4}=\frac{1}{3}+\frac{1}{6}+\frac{1}{4}+\frac{1}{8}+\frac{1}{8}$$
$$=\frac{1}{3}+\frac{1}{4}+\frac{1}{6}+\frac{1}{8}+\frac{1}{8}\times\left(\frac{1}{2}+\frac{1}{3}+\frac{1}{6}\right)$$
$$=\frac{1}{3}+\frac{1}{4}+\frac{1}{6}+\frac{1}{8}+\frac{1}{16}+\frac{1}{24}+\frac{1}{48}。$$

根据上述的拆分方法，可以总结出一个数学定理：

**定理**　任何一个正整数的倒数可以写成任意多个不同的单位分数之和。

**例 2**　有四个数，把其中每三个相加，其和分别为 22，24，27，20，求这四个数。

**解**　设四个数依次为 $a$，$b$，$c$，$d$，则依题意得方程组：

$$\begin{cases} a+b+c=22, & ① \\ b+c+d=24, & ② \\ a+c+d=27, & ③ \\ a+b+d=20。 & ④ \end{cases}$$

①－②得：$a-d=-2$ 即 $a=d-2$，　⑤

②－③得：$a-b=-3$ 即 $a=b-3$，　⑥

①－③得：$b-d=-5$ 即 $b=d-5$。　⑦

把⑦和⑤代入④得：

$d-2+d-5+d=20$，解之得 $d=9$。

把 $d=9$ 和⑥代入④得 $b=7$，把 $b=7$ 代入⑥得 $a=4$，把 $a=4$，$b=7$ 代入①得 $c=11$。

据说帕普斯是丢番图最得意的一个学生，他在少年时就跟随丢番图学习数学。有一天，他对上面这个问题苦苦思索，也找不到一种简单的解法，便去向丢番图求教，对这个问题有没有什么巧妙的解答方法。丢番图立即告诉他，可以采取反客为主的方法，不设四个未知数，而设四个数的和为 $x$，那么这四个数就分别是 $x-22$，$x-24$，$x-27$，$x-20$。立即得一简易方程：

$$x=(x-22)+(x-24)+(x-27)+(x-20)。\qquad ⑧$$

解方程⑧，得 $x=31$，从而知这四个数分别为 9、7、4、11。

丢番图的解法使帕普斯非常钦佩，从而坚定了他遨游数学王国的志向，后来成了一位著名的数学家。

为了加深对丢番图设未知数思想的理解，建议读者再做一做类似的一道题：

有一个数，将它加 2，将它减 2，将它乘 2，将它除 2，最后再将所得的四个数相加，其和为 45，求此数。

设此数为 $x$，则通过四种运算所得的数分别为 $x+2$，$x-2$，$2x$ 和 $\frac{x}{2}$，于是依题意，得方程：

$$(x-2)+(x+2)+\frac{x}{2}+2x=45。\quad ⑨$$

化简得 $9x=90$，解之得 $x=10$。

一般地，若所得的四个数之和为 $m$，则方程⑨化为：

$$(x-2)+(x+2)+\frac{x}{2}+2x=m。$$

化简得 $9x=2m$。可见 $m$ 唯一必须满足的条件是它的 2 倍是 9 的倍数。若 $m$ 是正整数，则 $m$ 的最小值是 9。

**例 3** 解方程 $x^3+2\sqrt{3}x^2+3x+\sqrt{3}-1=0$。

**分析** 这个方程为一元三次方程，求解不易。但若反过来，把 $x$ 看作常量，把$\sqrt{3}$看作未知数，则这个方程是关于$\sqrt{3}$的二次方程。就$\sqrt{3}$解出原方程或者可能得到关于 $x$ 的低次方程，不妨先试一试。

令$\sqrt{3}=t$，代入原方程并化简，则原方程变形为：

$$xt^2+(2x^2+1)t+(x^3-1)=0。\quad ①$$

由于 $x=0$ 不适合原方程，故可设 $x\neq 0$，①为 $t$ 的二次方程，解之得 $t_1=1-x$，$t_2=\frac{x^2+x+1}{-x}$。即 $1-x=\sqrt{3}$，$x^2+(\sqrt{3}+1)x+1=0$。

由此得：$x_1=1-\sqrt{3}$，$x_{2,3}=\frac{1}{2}(-\sqrt{3}-1\pm\sqrt{2\sqrt{3}})$。

**例 4** 四个连续偶数之积为 48384，求这四个偶数。

**分析** 人们一般会列方程来解此题：设四个偶数依次是 $x-3$，$x-1$，$x+1$，$x+3$，则依题意列方程：

$$(x-3)(x-1)(x+1)(x+3)=48384,$$

$$(x^2-9)(x^2-1)=48384,$$

化简得 $x^4-10x^2-48375=0$，

令 $x^2=y$，得 $y^2-10y-48375=0$，

解之得 $y=225$(负根舍去)，

从而 $x^2=225$，即 $x=15$。故所求的四个偶数是 12，14，16，18。

这个解法比较麻烦，计算量也不小，不如反过来求：

四个连续偶数分别除以 2 后就得到四个连续整数，因此，将 48384 除以 $2^4=16$ 后再因数分解：

$$48384\div16=3024,$$

$$3024=2^4\times3^3\times7。$$

四个连续整数之间一定有一个是质数 7，易知其他三个是 $2\times3$，$2^3$，$3^2$，即 6，8，9。故所求的四个偶数是 12，14，16，18。

# 长坂桥边树上开花

《三国演义》第四十一、四十二回写刘备被曹操大败于新野，退守樊城，原打算入襄阳暂歇，遭到刘琮、蔡瑁、张允等的拒绝。刘备只好带着残军和逃难的百姓向江陵逃走，缓缓而行。时秋末冬初，凉风透骨；黄昏将近，哭声遍野。至四更时分，只听得西北喊声震地而来。玄德大惊，急上马引本部精兵二千余人迎敌。曹兵掩至，势不可当。玄德死战。正在危迫之际，幸得张飞引军至，杀开一条血路，救玄德望东而走。接着张飞引二十余骑至长坂桥。见桥东有一带树木，飞生一计：教所从二十余骑，都砍下树枝，拴在马尾上，在树林内往来驰骋，冲起尘土，以为疑兵。飞却亲自横矛立马于桥上，向西而望。曹将文聘引军追赵云至长坂桥，只见张飞倒竖虎须，圆睁环眼，手绰蛇矛，立马桥上；又见桥东树林之后，尘头大起，疑有伏兵，便勒住马，不敢近前。刘备残军得以趁势逃脱。

世人多认为张飞乃一勇之夫，但他也有极为机警的一面，在这里他就出色地使用了“树上开花”之计。树上开花是《三十六计》中的第二十九计。此计说：“借局布势，力小势大。鸿渐于陆，其羽可用为仪也。”意思是：借助其他局面布成有利的阵势，兵力虽小，气势颇大。就像鸿雁虽然飞落到地面，但仍用它华丽的羽毛装饰如仪仗来助长气势一样。

在学习数学的时候，我们常常使用树上开花之计。碰到一个数学问题，经过思考把它解出来了，不能到此为止，最好总结回顾一下，把问题想得更远一点：此题是否还有别的解法？此题使用的解法能否简化、优化？本题的结论能否推广、变化？本题的条件可否削弱、改变？等等。

例如，我们都熟悉九宫图问题：

将 1 至 9 这九个数字排成一个 $3\times3$ 的方阵，使其每行每列以及两条对角线上的 3 个数之和都是 15。

这本来是一个很简单的问题。常见的方法是将 15 拆成三个不同正整数的和，不计加项的顺序，全部不同的拆分法恰有如下 8 种：

| | | |
|---|---|---|
| 4 | 9 | 2 |
| 3 | 5 | 7 |
| 8 | 1 | 6 |

1＋5＋9　1＋6＋8　2＋4＋9　2＋5＋8

2＋6＋7　3＋4＋8　3＋5＋7　4＋5＋6

数字 5 出现在四组和里；2，8，4，6 出现在三组和里；1，9，3，7 出现在两组和里。因为中间方格里的数在和中出现 4 次，四角方格里的数在和中出现 3 次，所以应该首先把数字 5 填在中间方格里，接着将 2，8，4，6 四个偶数填在四角上。这个表在数学中叫作三阶幻方。

对于一个简单的三阶幻方，我们看怎样对它树上开花。

首先，我们可以变化构造方法，下面介绍一个奇偶分析法。

1，2，3，4，5，6，7，8，9 中共有 4 个偶数，5 个奇数。如果一条线上的三个数中只有一个偶数，或者有三个偶数，那么这三个数的和是偶数，绝不可能等于 15。所以四个偶数必须分布在 8 条线上，使每条线上都恰好有两个偶数或没有偶数，这只有 4 个偶数都在四角的方格内才有可能。并且一条对角线上的两个偶数之和，必须与另一条对角线上的两个偶数之和相等，才能使它们加上中间一格的数后保持相等。因为只有 2＋8＝4＋6＝10 一种等式成立，从而知道中间一格的数为 5。如果把“2”放在右上角的方格内，就得到上面那个三阶幻方，如果把“2”放在另外的角上，那么所得的新三阶幻方只是原三阶幻方绕中心旋转所得的结果。

人们还提出了一些不同的三阶幻方的构造方法。

如图 1(1)，先将 1～9 按自然顺序排列，中间的 5 保持不动；四角上的 4 个奇数按图 1(2)中箭头所指的方向移到四边中间；将四边中间的四个偶数按顺时针方向移动一格到达四角，如图 1(3)所示，即得所求数阵图 1(4)。

| | | |
|---|---|---|
| 1 | 2 | 3 |
| 4 | 5 | 6 |
| 7 | 8 | 9 |

（1）

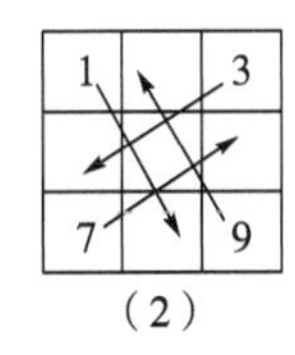


（2）

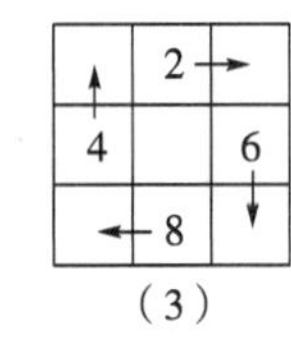


（3）

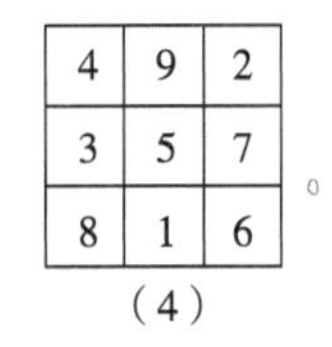

| | | |
|---|---|---|
| 4 | 9 | 2 |
| 3 | 5 | 7 |
| 8 | 1 | 6 |

（4）

图 1

其次是对幻方的阶数进行扩张。我国宋朝数学家杨辉对三阶幻方进行研究后，便把它推广为：

将 1，2，$n^2$($n\geqslant3$)这 $n^2$ 个连续的自然数排成一个 $n$ 行 $n$ 列的方阵，使得每行每列以及两条主对角线上的 $n$ 个数之和都相等。

满足上述条件的数阵称为“$n$ 阶幻方”，也称“$n$ 阶纵横图”，研究“如何制造 $n$ 阶幻方”在今天仍然是组合学中困难而有趣的课题。

除了向 $n$ 阶幻方推广之外，我们还可以利用九宫图做游戏。

游戏一　选用 9 张扑克牌 A(1)，2，3，4，5，6，7，8，9，两人轮流从中取一张牌，已取走的牌不再放回，谁能先从自己所取的牌中找出任意 3 张，使它们的点数加起来正好是 15，谁就获胜。

游戏二　两个人轮流在一个九宫格里放下黑子或白子，谁放下的 3 个子先连成一条直线(3 行 3 列或 2 条对角线)就算谁赢(图 2)。

游戏三　有 8 个城市被高速公路联结起来。两个游戏者分别用不同颜色轮流对每一条公路涂色。注意有些路是贯穿城市的，在这种情况下，通过城市部分的公路也要涂色。最先把通过同一城市的 3 条公路涂上颜色者获胜(图 3)。

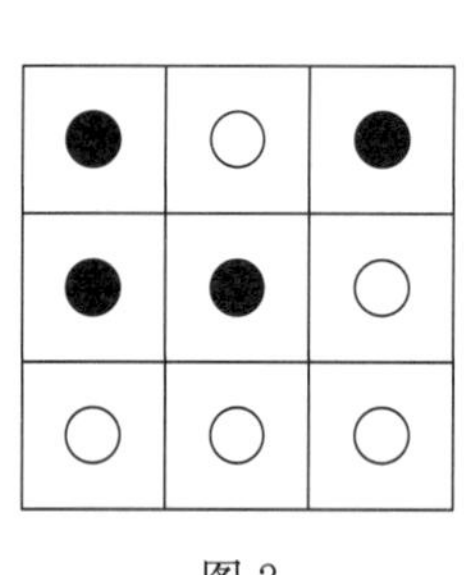
图 2

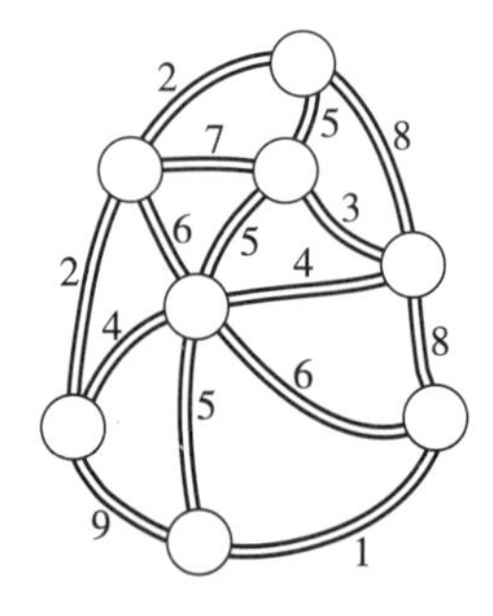

图 3

这三个游戏都取自马丁·伽德纳著的《啊哈！灵机一动》一书。这三个游戏表面看来，好像毫无共同之处。其实，它们都与构造三阶幻方的过程有关，是三个立足于同一原理的游戏。

对于游戏一，先取牌者要首先拿到九宫图中间的 5，后取者必须取四角上的 2、4、6、8 之一，否则必输无疑。如果双方的着法都正确，先取者必然不败，后取者至多能和。

对于游戏二，同样先下子者要首先把子放到九宫图的中间 5 处，后下子者必须把子摆在四角上的 2、4、6、8 之处，否则必输无疑。

至于游戏三，它也是九宫图的一个变形。图中的 8 个城市相当于九宫图中的 8 条线，9 条公路则相当于九宫图中的 9 个数。先涂色者同样要先把穿过 4 个城市的公路 5 涂色，后涂色者必须把穿过 3 个城市的公路 2、4、6、8 着色，否则必输无疑。

游戏四　如图 4 所示的 9 个圆心是 4 个小的等腰三角形和 3 个大三角形的顶点，将 1～9 这 9 个数字填入圆圈，要求这 7 个三角形中每个三角形 3 个顶点上的数字之和都相同。

这个游戏是由著名物理学家爱因斯坦提供的，他在举世闻名之后，仍坚持为《法兰克福日报》写稿，提出一些供青少年提高思维分析能力的数学问题，此题即为一例。

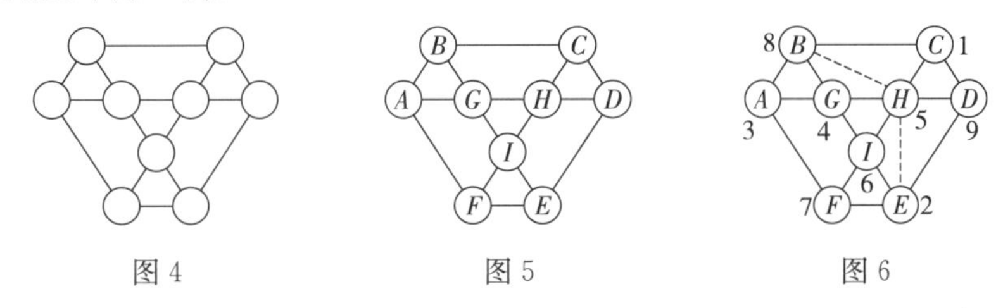


图 4　　图 5　　图 6

为了叙述方便，给每个小圆标上字母(图 5)。把 1，2，…，9 填入 9 个圆中，使我们容易联想到它可能与“九宫图”有某些联系，能否将图 5 中的小圆与九宫格中的小方格之间建立某种对应关系呢？

先考虑位于 3 个角上，且彼此没有公共顶点的$\triangle ABG$、$\triangle CDH$ 和$\triangle FEI$，这些顶点圆中所填的数恰好是 $1+2+3+4+5+6+7+8+9=45$，已知每个三角形的 3 个顶点所填数的和相等，因此，每个三角形的 3 个顶点填数的和应为 $45\div3=15$。从而 7 个三角形顶点填数之和都是 15。

由观察可知：在图 4 中，位于内部的$\triangle GHI$，它的每一个顶点都要在 3 个三角形中出现，而在外围的 6 个字母只在两个三角形中出现，因此不难猜想，5 应该填在$\triangle GHI$ 的某一顶点，由于对称关系，不妨设 5 填在小圆 $H$ 内。如果再连接 $HB$ 和 $HE$，那么以 $H$ 为顶点的三角形便有 4 个：$\triangle GHI$、$\triangle CHD$、$\triangle AHF$、$\triangle BHE$，它们分别与三阶幻方中经过中心方格的 4 条线对应。于是，我们立刻可得如图 6 那样的填数法。

# 瞒天过海草船借箭

《三国演义》第四十六回写了著名的“草船借箭”故事。周瑜为了除掉诸葛亮，以军中缺箭为由，让诸葛亮监造十万支箭，以为应敌之具，并让孔明立下军令状，限三日内完成。

诸葛亮请鲁肃帮忙，为他准备二十只船，每船要军士三十人，船上皆用青布为幔，各束草千余个，分布两边。前两日都不见孔明动静，至第三日四更时分，长江之中，大雾漫天，诸葛亮邀请鲁肃一同上船。五更时候船已近曹操水寨。一字排开，擂鼓呐喊，杀声震天。曹操却认为：“重雾迷江，彼军忽至，必有埋伏，切不可轻动。可拨水军弓弩手乱箭射之。”于是组织水陆军弓弩军一万余人，齐向江中放箭，箭如雨发。顷刻之间，二十只船两边的束草上都插满箭杆，不下十余万支。待至日高雾散，孔明令收船急回。令各船上军士齐声叫曰：“谢丞相箭!”

诸葛亮在这次活动中成功地运用了“瞒天过海”之计，一方面用计瞒过了曹操，白送了诸葛亮十万支箭。另一方面，又瞒过了周瑜，使他未能阻拦破坏，草船借箭的计策得以顺利完成。

瞒天过海是《三十六计》的第一计，该计认为：“备周则意怠，常见则不疑。阴在阳之内，不在阳之对。太阳，太阴。”意思是：自认为防备周到的，就容易麻痹松懈；习以为常的，不容易引起怀疑。真相常隐藏于公开事物的内部之中，而不表现为与公开形态的相互排斥。非常公开的表面现象往往蕴藏着非常隐蔽的内部机密。越是大的阴谋，越显露在大的公开场合。

瞒天过海之计在数学中则更是“日用而不知”，许多数学考试(特别是数学竞赛)的命题，解答固然不易，命题更为困难，而命题质量的优劣，常取决于命题时对条件或结论隐蔽手法的高低，即要善于瞒天过海。

**例 1** 隐蔽题设条件

据说，在 19 世纪的一次国际数学大会上，正当主办方招待各国著名数学家的宴会即将结束的时候，法国数学家刘卡向大家提出了下面这个问题，他自称是最难的数学问题。

每天中午，一家航运公司都有一艘轮船从巴黎的外港——塞纳河口的勒阿弗尔开往美国纽约。在每天的同一时间也有该公司的一艘轮船从纽约开往勒阿弗尔，轮船横渡大西洋的时间恰好是 7 天 7 夜。已知所有轮船在全部航行中都是匀速前进的，并按一定的航线航行，该公司迎面而来的两艘船都可以互相看到。问今天中午一艘从勒阿弗尔开出的轮船 $L$，在到达纽约时，将会遇到多少艘从对面开来的本公司的轮船?

一位酒酣耳热的数学家并没有认真思考，醉醺醺地脱口而出，说一共要遇到 7 艘本公司的轮船。他的理由是：从勒阿弗尔开出的轮船 $L$ 在海上要航行 7 天 7 夜，共有 7 个中午，每个中午都有本公司的一艘轮船从纽约开出，这 7 艘船都能被 $L$ 碰上，所以，一共遇到 7 艘轮船。当然，这个答案是不正确的。

解本题时要注意一个非常隐蔽的、容易使人视而不见的事实，不仅是在轮船 $L$ 从勒阿弗尔开出之后 7 天内，本公司从纽约开出的船都会被 $L$ 碰到，并且在 $L$ 开出之前，本公司从纽约开出的船也会被 $L$ 碰到。利用图示法，能直观地表达这个问题。

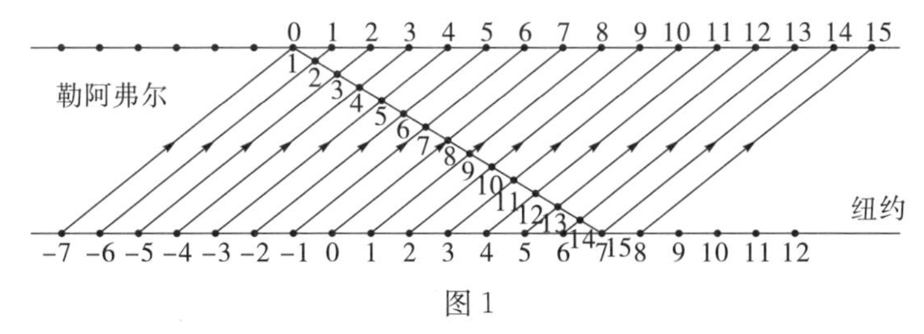

图 1

如图 1 所示，容易看出，从勒阿弗尔开出的轮船 $L$，除在海上遇到 13 艘轮船外，另外还要遇到两艘：一艘是 $L$ 刚出发时遇到的轮船(1)，那是 7 天前从纽约起航，刚好于今天中午到达勒阿弗尔的；另一艘是在 $L$ 到达纽约时刚从纽约起航的轮船(15)，那艘船刚从纽约起航。

所以本题的答案是 15。

**例 2** 隐蔽推理过程

一位严格的数学老师看到一个同学在做恒等变换演算时，写下了如下一串等式：

$$\frac{37^3+13^3}{37^3+24^3}=\frac{37+13}{37+24}=\frac{50}{61}。$$

便毫不犹豫地在作业本上打了个大“×”号，还用红笔圈出。

但他是一位负责任的老师，认为这个平日成绩优异的学生不应该犯如此低级的错误。他想了解一下这个同学犯错误的原因在哪里，以便帮助学生改正。他认真地做了几遍，惊奇地发现，答案都是$\frac{50}{61}$。经过仔细研究这个同学的做法，他终于发现学生的作业不仅答案正确，而且所有中间过程也是成立的，简直无懈可击。

也许你还会认为，这些数字是硬凑出来的，只是碰巧而已。事实并非如此。原来有恒等式：

$$\frac{a^3+b^3}{a^3+(a-b)^3}=\frac{a+b}{a+(a-b)}。$$

如果令 $a=37$，$b=13$，则 $a+b=50$，$a-b=24$，代入上面的恒等式，即得到那个被误视为错误的等式。符合条件的 $a$ 与 $b$ 多得不胜枚举哩!

**例 3** 隐蔽矛盾状态

我国南北朝时的梁元帝萧绎，是一位亡国之君，但他却颇有文采，自号金楼子，著有《金楼子》。《金楼子》中有一篇题为《富者乞羊》的寓言。现在我们把那篇寓言译成现代汉语，并加上一些条件，编成一道数学问题：

楚国有个富翁，养了 99 只羊，很想凑足 100 只。一次他去县里拜访一位老朋友，朋友的穷邻居只有一只羊。富翁向穷邻居请求说：“我有 99 只羊，现在你把你的这一只羊给我，凑成一百，我希望拥有的羊数就达到了。”那位穷人说：“好的，我可以把羊给你，但是有一个条件，请你用 1，2，…，9 九个数字，任意组成几个正整数，每个数字都用一次，而且也只准用一次，然后把这些数加起来。如果它们的和能恰好等于 100，我就把我的这只羊白送给你。如果你做不到，那么就请你死了这条心吧!”

现在请你回答两个问题：

(1)富人有办法凑出 100 吗?

(2)富人能凑出的最大数是什么?

**解** (1)富人没有办法凑出 100。

首先富人不能使用三位以上的数来凑出 100，只能使用一些两位数和一位数。因为 $1+2+3+4+5+6+7+8+9=45$，如果所有两位数中那些十位数字的和是 $m$，那么个位数字(包括所有一位数)的和就是 $45-m$。因此所有数之和是 $10m+(45-m)$，令它等于 100，便有

$$10m+(45-m)=100。 \quad ①$$

解方程①，得 $m=\frac{55}{9}$，与 $m$ 为整数矛盾。因此富人不能凑出 100。

(2)能凑出的最大数是 99。例如:

$$14+25+36+7+8+9=99。 \quad ②$$

**评注** 1，2，…，9 九个数字虽然不能凑出 100，但却有很多方式凑出 99。因为在方程①中，把 100 改为 99，便得 $m=6$。因此，楚国富人只要先写出几个两位数，使它们的十位数字之和为 6，它们的个位数字可以在剩余的数中任意取数搭配，再有剩余的数则作为一位数即可。

可用的两位数的不同情况有三种:

第一，在组成类似于②那样的和式中两位数有三个:

这时只有一种可能，它的十位数字只能为 1，2，3。在这种情况下共有 $6\times5\times4=120$(种)方法组成类似于②那样的和式。

第二，在组成类似于②那样的和式中两位数有两个:

这时只有两种可能，它的十位数字为 1 与 5 或 2 与 4。在这种情况下共有 84 种方法组成类似于②那样的和式。

第三，在组成类似于②那样的和式中两位数只有一个:

这时只有一种可能，它的十位数字只能为 6。在这种情况下共有 8 种方法组成类似于②那样的和式。

综上所述，共有 $120+84+8=212$(种)方法，用 1，2，…，9 九个数字组成类似于②那样结果为 99 的和式。

# 单刀赴会擒贼擒王

杜甫诗云："射人先射马，擒贼先擒王。"后人从这两句诗中总结出了一个行军用兵的策略，叫作"擒贼擒王"。擒贼擒王是《三十六计》中的第十八计，此计认为：对敌作战要"摧其坚，夺其魁，以解其体。龙战于野，其道穷也。"夺其魁就是要摧毁对手的王牌，捉拿他的首领，使敌方群龙无首，失去战斗的能力。

《三国演义》第六十六回写鲁肃为了讨还荆州，假意请关羽赴宴，暗中令吕蒙等埋下伏兵。关羽明知鲁肃摆的是鸿门宴，却故意只带周仓等少数人去赴宴。席间鲁肃或明或暗地向关羽索取荆州，但关羽只敷衍应付，顾左右而言他。酒过三巡，关羽起身告辞。这时鲁肃的伏兵准备活捉关羽，谁知关羽却一把挽住鲁肃的手，要求鲁肃和他一起到江边。鲁肃怕计谋败露不敢推辞，而吕蒙等人则怕伤了鲁肃不敢动手。就这样，关羽到了江边，登上自己的战船扬长而去。

在解决数学问题时，也经常使用擒贼擒王的策略。一个数学问题中常有一些"称王"的元素，如数的最大、最小；线段的最长、最短；量的最多、最少；位置的最上、最下等极端情况。在一些极端的状态下，往往能使问题的关键暴露出来，帮助我们找到解题的途径。抓住了这个极端情况，其余的问题就迎刃而解了。这种思想，在数学解题中称为极端原理。

在下面这个问题中我们将看到擒贼擒王的典型思想。

任意选定 9 个正整数，然后甲、乙两个游戏者轮流把 9 个数依次填入一个九宫格的方格内。填完之后，对甲计算最上一行与最下一行的 6 个数之和，对乙则计算最左一列与最右一列的 6 个数之和，和数大者为胜。问谁有获胜的策略？

**分析** 由图 1 可知，在计算胜负时，中心涂黑的一格里填的数根本设用，可以不必考虑；四角有阴影的四格中所填的数，乃甲、乙双方共用，也不影响胜负。决定双方胜负的只是 $A$、$B$、$C$、$D$ 四格中的数，最简单的取胜思想，自然是挑最大的数给自己，挑最小的数给对方。游戏结果为先填数者必然不败，后填数者最多能和。

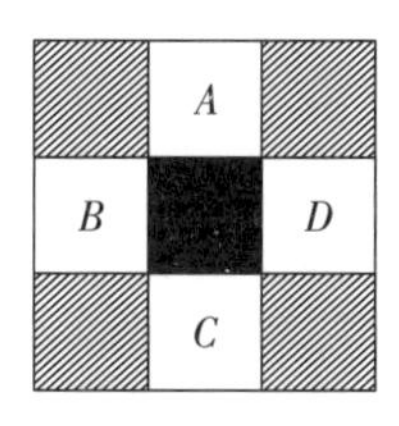


图 1

设 9 个数的大小依次为：

$$a_1 \leqslant a_2 \leqslant a_3 \leqslant a_4 \leqslant a_5 \leqslant a_6 \leqslant a_7 \leqslant a_8 \leqslant a_9。$$

(1)若 $a_9 - a_8 > a_2 - a_1$，这时，先行者甲只要将最大的 $a_9$ 置于 $A$，那么 $A + C \geqslant a_9 + a_1 > a_8 + a_2$，甲必获胜。

(2)若 $a_9 - a_8 < a_2 - a_1$，这时甲可将最小的 $a_1$ 置于 $B$，则 $B + D \leqslant a_1 + a_9 < a_2 + a_8$，甲必获胜。

(3)若 $a_9 - a_8 = a_2 - a_1$，则甲未必能胜，乙最多能和。如果双方都不失误的话，则成为和局。

我们再看几个具体的例子。

**例 1** 从分别写着 0，1，2，…，9 这十个数字的卡片中取出三张，拼成一个三位数，并计算出这个三位数与三位数数字之和的比值，要使所得的比值最大，应该拼成一个什么样的三位数？

**分析** 设拼成的三位数是 $\overline{abc}(a \neq 0)$，则所求的比值为

$$k = \frac{100a + 10b + c}{a + b + c} = \frac{a + b + c + 99a + 9b}{a + b + c} = 1 + \frac{99a + 9b}{a + b + c}。 \quad ①$$

在①式中，1 是固定的数，要 $k$ 的值最大，只要 $\frac{99a + 9b}{a + b + c}$ 的值最大。因为

分母中含有 $c$ 而分子中没有，故必须让 $c$ 最小，可取 $c=0$。于是

$$k=1+\frac{90a+9(a+b)}{a+b}=10+\frac{90a}{a+b}。 \quad ②$$

由②式知，要 $k$ 的值最大，应让 $b$ 的值最小。因已有 $c=0$，故 $b$ 的最小值可取 1，$a$ 则应取最大值 9。这时 $k$ 的最大值为：

$$k=10+\frac{90\times 9}{9+1}=91。$$

所以应该拼成的三位数是 910。

**例 2** 已知平面上有 $2n+3(n\geqslant 1)$ 个点，其中没有三点共线，也没有四点共圆，能不能通过它们之中的某三个点作一个圆，使得其余的 $2n$ 个点一半在圆内，一半在圆外？证明你的结论。

**分析** 如图 2，假定 $A$、$B$、$C$ 是确定圆的三点。其余 $2n$ 个点有 $n$ 个点在圆内(如 $D$ 点)，有 $n$ 个点在圆外(如 $E$ 点)。如图 2，每一点对弦 $AB$ 有一个张角 $\theta_i$，令 $\angle ACB=\theta$，则当 $\angle ADB=\theta_i>\theta$ 时，$D$ 在圆内；当 $\angle AEB=\theta_j<\theta$ 时，$E$ 在圆外。为此，我们要找到这些点按 $\theta$ 排布的方法。

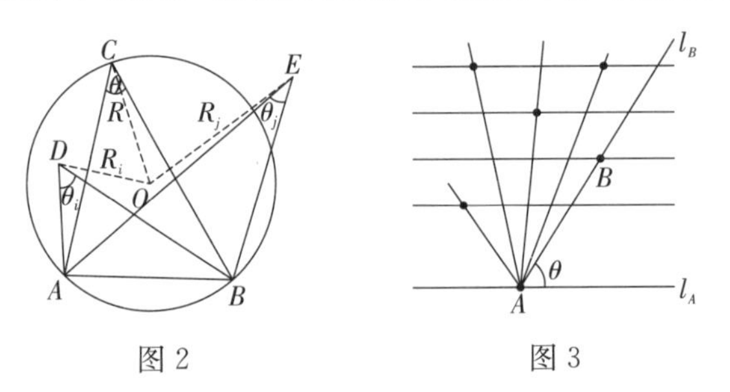


图 2　　图 3

先确定 $A$、$B$ 两点，注意到所有其余$(2n+1)$个点都在 $AB$ 的同侧。为了找出这样的 $A$、$B$ 两点，通过$(2n+3)$个点沿任何方向作互相平行的直线，这些直线中必有最靠边的一条，记为 $l_A$。若 $l_A$ 还通过另一点 $B$，则 $A$、$B$ 点即为所求。若 $l_A$ 上没有第二点，则从 $A$ 出发向$(2n+2)$个点连一条射线，这些射线的每一条在逆时针方向与 $l_A$ 成一个夹角，设射线 $AB$ 与 $l_A$ 的夹角最小，则 $A$、$B$ 两点就是所要求的。

现在，其余的$(2n+1)$个点都在 $AB$ 的同侧，因为没有四点共圆，它们对 $AB$ 的张角各不相等，按大小顺序排列：

$$\theta_1<\theta_2<\cdots<\theta_n<\theta_{n+1}<\theta_{n+2}<\cdots<\theta_{2n+1}。$$

设张角为 $\theta_{n+1}$ 的点为 $C$，则过 $A$、$B$、$C$ 三点的圆就合乎题设要求。

**例 3** 1978 年，我国举办了第一届中学生数学竞赛，那年的试卷中有一道很有趣的试题：

有 10 个人各拿一只提桶到水龙头前打水，设水龙头注满第 $i(i=1, 2, \cdots, 10)$ 个人的提桶需要 $T_i$ 分钟，已知这些 $T_i$ 各不相同。问：

(1)当只有一个水龙头可使用时，应如何安排这 10 个人的次序，使他们总的花费时间(包括各人自己接水的时间)为最少？这时间等于多少？

(2)当有两个水龙头可用时，应如何安排这 10 个人的次序，使他们总的花费时间为最少？这时间等于多少？

根据排序原理的思想，我们不妨假定接水的时间是：

$$T_1<T_2<T_3<\cdots<T_9<T_{10}。$$

直觉告诉我们，应该让接水时间短的人先去接水。开始时一起等的人虽多，但接水的时间短，总的等待时间反而会少一些；到了后面接水的时间越来越长，但同时等待的人也越来越少，总的时间会短一些。

事实上也的确如此。

当只有一个水龙头可用时，只需将这 10 人按 $T_1$，$T_2$，$T_3$，…，$T_9$，$T_{10}$ 从小到大的顺序安排接水，便可使总的接水时间最少。

因为，在这样的安排下：

第一个人接水时间为 $T_1$，10 人在等待，共用时间 $10T_1$；

第二个人接水时间为 $T_2$，9 人在等待，共用时间 $9T_2$；

……

第十个人接水时间为 $T_{10}$，1 人等待，共用时间为 $T_{10}$。总的花费时间为

$$T=10T_1+9T_2+8T_3+7T_4+\cdots+2T_9+T_{10}。$$

如果不按这一次序安排，例如把第二人与第四人对调，则花费的总时间为

$$T'=10T_1+9T_4+8T_3+7T_2+\cdots+2T_9+T_{10}。$$

由 $T'$ 减去 $T$，得

$$T'-T=9(T_4-T_2)+7(T_2-T_4)=2(T_4-T_2)>0。$$

可见 $T'>T$。这就证明了，后面的这种安排花费的总时间要多，不是最好的方案。

如果有两个水龙头 $A$ 和 $B$ 可用，这时最好的安排方案是：

$$\begin{cases}\text{在 } A \text{ 龙头下：} T_1，T_3，T_5，T_7，T_9； \\ \text{在 } B \text{ 龙头下：} T_2，T_4，T_6，T_8，T_{10}。\end{cases}$$

# 抛砖引玉说归纳

据《历代诗话》等书记述：唐代诗人常建十分仰慕赵嘏的诗名。有一次，常建听说赵嘏要到苏州，断定他一定会到灵岩寺游玩，便事先在灵岩寺留下了两句诗。赵嘏看见之后，便补充了两句使其成为一首完整的诗。事后，人们都说常建此举是抛砖引玉。“抛砖引玉”后来就用以比喻自己先发表粗浅的文字或意见，目的在于引出别人的佳作或高论，运用在军事上则泛指一种诱敌上当的计谋。《三十六计》将它列为第十七计，其计曰：“类以诱之，击蒙也。”意思是说，用某类事物去诱惑敌人，使敌人糊里糊涂地上当受骗。

在冷兵器战争的时代，用来诱惑敌人的东西多半是粮草、弱兵、败仗、谣言，等等。《三国演义》多次描写了用此类事物施行抛砖引玉的案例，如第六十三回写张翼德义释严颜即为一例。

张飞连日派人骂战，严颜只是死守，不肯出战。张飞心生一计，传令教军士四散砍打柴草，寻觅路径，不来搦战。严颜在城中，连日不见张飞动静，心中疑惑，着十数个小军，扮作张飞砍柴的军士，打听消息。张飞故意让军士报告找到了一条可以偷过巴郡的小路，传令今晚二更造饭，三更出发，连夜偷袭。混进张飞营中的士兵把消息报告严颜，严颜大喜说：“我算定这匹夫忍耐不得！你偷小路过去，须是粮草辎重在后；我截住后路，你如何得过？好无谋匹夫，中我之计！”于是严颜率兵连夜出城准备伏击张飞，中了张飞抛砖引玉之计，在混战中被张飞所擒。

在数学中，抛砖引玉的思想极其重要，它不是一种阴谋诡计，而是学习、研究数学的一种基本素养。有些数学题目也许是浅显的、意义不大的，不过几块小“砖”而已，但是我们可以考虑能否将其引申、推广、深化，从而引出有价值的“玉”来。

例如，数学中用数学归纳法导出结论时，常常是先观察了 $n=1$，2，3 等几个简单情况后，猜想到一般的结论，然后再用数学归纳法给出证明的。

例如，我们要比较 $1991^{1992}$ 与 $1992^{1991}$ 两个数哪一个大，直接计算出来再去比较是困难的，但是我们观察到：

$$3^4>4^3;\quad 4^5>5^4;\quad 5^6>6^5。$$

于是我们猜想，当 $n\geqslant 3$ 时，有不等式

$$n^{n+1}>(n+1)^n \qquad ①$$

普遍成立。我们用数学归纳法来证明：

当 $n=3$，直接计算知①式成立。

若当 $n=k$ 时①式成立，即 $k^{k+1}>(k+1)^k$，亦即 $\left(\frac{k+1}{k}\right)^k<k$，则当 $n=k+1$ 时，由于 $\frac{k+2}{k+1}<\frac{k+1}{k}$，所以

$$\left(\frac{k+2}{k+1}\right)^{k+1}<\left(\frac{k+1}{k}\right)^{k+1}=\frac{k+1}{k}\left(\frac{k+1}{k}\right)^k<\frac{k+1}{k}\cdot k=k+1,$$

即 $(k+1)^{k+2}>(k+2)^{k+1}$，①式也成立，根据归纳原理，①式对所有大于等于 3 的自然数成立。

我国著名数学家华罗庚教授（1910—1985）在他为中学生写的《数学归纳法》一书中，曾经谈到过一个有趣的问题：

一位老师想辨别他的三个得意门生中哪一个更聪明些。他采用了下列方法：他事先准备了 5 顶帽子，其中 3 顶白色的，2 顶黑色的。在试验前，老师先让三个学生看一看这些帽子，然后要他们闭上眼睛，替每个学生各戴上一顶白帽子，而把两顶黑帽子藏起来。最后，命令他们张开眼睛。这时，每个学生都能看见另外两人戴的是什么颜色的帽子，但看不见自己帽子的颜色，他们要说出自己头上戴的是什么颜色的帽子。

三个学生相互看了看，沉思了一会，最后异口同声地说，自己头上戴的是白帽。他们怎么猜出来的呢？

**分析** 不妨设三个学生是甲、乙、丙，因为黑帽只有两顶，三人所戴帽子的情况只有三种可能：

第一种情况：两人戴黑帽(例如甲和乙)一人戴白帽(丙)；

第二种情况：两人戴白帽(例如甲和乙)一人戴黑帽(丙)；

第三种情况：三人都戴白帽。

如果是第一种情况，丙会马上说出自己戴的是白帽，但丙并没有马上说出自己戴的是白帽，所以这种情况不会出现。

如果是第二种情况，甲(或乙)会这样想：如果自己头上戴的是黑帽，乙(或甲)应该马上说出他自己戴的是白帽，但乙(或甲)都未能马上说出自己戴的是白帽，可见第二种情况也不会出现。

因此只有第三种情况才有可能。这时，三人中的每一个人都看到另外两人戴的是白帽。他们中的每一个人(例如丙)都会这样想：如果我头上戴的是黑帽，那就是第二种情况。甲和乙都是很聪明的人，应该能马上说出自己头上戴的是白帽。但甲和乙两人都未能马上说出他们头上帽子的颜色，可见自己一定戴的是白帽。不过三人都必须稍待一会，才能异口同声地说，自己头上戴的是白帽。

这个问题的推理本质上是使用了数学归纳法，但用得十分巧妙。数学归纳法实际上也可以说是一种抛砖引玉的方法，数学归纳法的奠基一步，一般比较简单，就像抛出一块砖头，它后面却可能导出丰富的内容，就像引来了一方美玉。

从只有3个人、5顶帽子的小问题出发，可以推广如下：

一位老师想检测一下他的学生中哪一个最聪明。他有$n$个学生，这$n$个学生都是智商很高、分析推理能力极强的人。老师准备了$(n-1)$顶黑色的帽子和若干顶白色的帽子，这些帽子除了颜色不同之外其他都一样，戴帽者仅凭自己的感觉是无法判断帽子是哪种颜色的。老师令$n$个同学成一列坐在一个阶梯式的教室里，请他们闭上眼睛，给每人戴上一顶帽子，然后再请大家睁开眼睛，猜一猜自己戴的是什么颜色的帽子。

结果出人意料的事发生了：尽管这些学生都很聪明，而且坐在后面的学生又都能清楚地看到前面的学生戴什么颜色的帽子，但除了最前面的那个学生外，其余的人都不能猜出自己头上戴的帽子是什么颜色，倒是最前面的人虽然看不见任何人所戴的帽子，但却正确地猜出了自己戴的是白色帽子。

请你说说，道理在哪里呢？

我们不妨把这 $n$ 个学生从前往后依次编号为 $A_1$，$A_2$，…，$A_n$。

先说 $A_n$，因为他很聪明，如果他看见前面$(n-1)$个学生的帽子都是黑色的，因为黑色帽子只有$(n-1)$顶，他一定能断定自己戴的是白色帽子。现在既然他不能断定，肯定在前面$(n-1)$个人中有人戴着白帽子。

再说 $A_{n-1}$，$A_n$ 的思维活动，又给 $A_{n-1}$ 的分析提供了基础。$A_{n-1}$ 也是高智商的人，当然了解 $A_n$ 的想法。如果 $A_{n-1}$ 前面的人都戴黑帽子，那么 $A_n$ 看见的戴白帽者，一定非 $A_{n-1}$ 莫属了。$A_{n-1}$ 就会猜出自己戴的是白帽子。$A_{n-1}$ 既然没有猜出，可见 $A_{n-1}$ 前面也有戴白帽的人。

类似的推理可以继续下去。$A_n$ 前面有戴白帽的人，推出 $A_{n-1}$ 前面也有戴白帽的人，$A_{n-1}$ 前面有戴白帽的人，推出 $A_{n-2}$ 前面也有戴白帽的人，…，$A_2$ 未能猜出，推出 $A_2$ 前面也有戴白帽的人，这个戴白帽的人当然只有 $A_1$ 了。所以 $A_1$ 能猜出自己戴的是白帽。

著名的数学家约翰·霍顿·康威研究出了一个更引人入胜的游戏。他把 $n$ 个非负整数分别写在 $n$ 个小圆片上，并把这些小圆片分别贴在 $n$ 个参与游戏者的额头上，使得每个人都能看清别人额头上的数字，唯独不能看见自己额头上的数字。这 $n$ 个整数可以是任何一组非负整数，它们的和写在一块黑板上，那块黑板上还一共写有不多于 $n$ 个的互不相同的整数。

假设参与者有无穷的智慧且诚实过人。约翰·霍顿·康威向第一个人提问，问他是否能推断出他额头上的数，如果他说“不知道”，那就再问第二个人，这提问将在参与者中循环进行，直到有人说“知道”为止。康威断言，不论这个问题看来是多么不可思议，但提问总能以得到肯定回答而告终。

# 欲擒故纵谈反证

《三国演义》第八十七至九十回写得特别精彩。刘备死后，曹丕准备发兵灭蜀，南方蛮王孟获也举兵反叛。这时诸葛亮认为必须首先和孙吴恢复外交关系，平定南中蛮王孟获的反叛，解除后顾之忧，然后才能北伐曹魏。所以，公元225年，诸葛亮带领五十万川兵，渡过泸水，直取南中。诸葛亮曾向马谡咨询："久闻幼常高见，望乞赐教。"马谡见丞相虚心求教，便诚恳地说："愚有片言，望丞相察之：南蛮恃其地远山险，不服久矣；虽今日破之，明日复叛。丞相大军到彼，必然平服；但班师之日，必用北伐曹丕，蛮兵若知内虚，其反必速。夫用兵之道：'攻心为上，攻城为下；心战为上，兵战为下。'愿丞相但服其心足矣。"孔明叹曰："幼常足知吾肺腑也！"于是孔明令马谡为参军，随大军前进。

后来在战争中，孔明七次俘虏了孟获，又七次把他释放了。终于使孟获口服心服，真诚投降，发誓说："丞相天威，南人不复反矣！"

诸葛亮使用了"欲擒姑纵"的计谋。"欲擒姑纵"，亦作"欲擒故纵"，它是《三十六计》中的第十六计。其计说："逼则反兵，走则减势。紧随勿迫，累其气力，消其斗志，散而后擒，兵不血刃。需，有孚，光。"意思是说：逼敌太甚它会反扑，让敌逃跑则可以消减它的气势。对逃敌只需紧紧跟随，不要过于逼迫，使他的身体劳乏，等他溃散后再去擒获，就能够不经血战而取得胜利。按照《易经·需卦》的原理：耐心等待，坚定信心，前景必然光明。"擒"与"纵"两者之间的关系，"擒"是目的，"纵"是手段。

"欲擒姑纵"的思想在数学中最直接的应用就是反证法。用反证法证题的步骤是先假定欲证之结论不成立，即结论的反面成立（姑纵），然后按照正确的推理导出矛盾，最后肯定欲证结论成立(欲擒)。有趣的是，在数学中越是简单的命题，越难用直接证明的方法，常常要求助于反证法。高中学生在学习立体几何的时候，开头的一些简单定理，几乎都是依靠反证法来证明的。虽然人们很早就使用了反证法的思想，但将这一思想规范化，形成一种有效的逻辑证明方法，似乎仍然要归功于数学。欧几里得的不朽之作《几何原本》中用反证法证明了一个重要的定理：

质数的个数是无穷的。

欧几里得在证明这一命题时，实质上使用的就是反证法。

假定在正整数中只有有限个质数，不妨设它们是 $P_1$，$P_2$，…，$P_k$，令 $N=P_1P_2\cdots P_k+1$。因为 $N$ 是大于 1 的正整数，它一定有一个质因数 $P$(可能 $P$ 就是 $N$ 本身)。显然，$P$ 不可能是 $P_1$，$P_2$，…，$P_k$ 中的任一个，否则便有 $P$ 整除 $P_1P_2\cdots P_k$，同时因 $P$ 整除 $N$，于是便得到 $P$ 整除 $N-P_1P_2\cdots P_k$，但 $N-P_1P_2\cdots P_k=1$，与 $P$ 为大于 1 的质数矛盾。这就证明了 $P$ 必是 $P_1$，$P_2$，…，$P_k$ 以外的另一质数，与质数只有 $P_1$，$P_2$，…，$P_k$ 的假设矛盾。

这个矛盾证明了质数只有有限个的假定是不能成立的，从而反证了质数的个数是无穷的。

数学将反证法的运用规范化，它告诉人们，使用反证法进行论证要遵守的步骤是：

(1)为了证明某一结论成立，可以先假定结论的反面成立；

(2)在结论反面成立的条件下，列举出各种可能出现的情况；

(3)对各种可能的情况都引出明显的矛盾；

(4)否定结论的反面，肯定结论成立。

**例 1** (1)证明$\sqrt{2}$是无理数。(2)证明 $\ln 2$ 是无理数。

**证明** (1)反设$\sqrt{2}$是有理数，那么可设$\sqrt{2}=\frac{m}{n}$($m$，$n$ 互质)，两边平方，得 $2n^2=m^2$，知 $m$ 为偶数，令 $m=2k$，代入上式并化简得：$2n^2=4k^2$，$n^2=2k^2$，推出 $n$ 也是偶数，与 $m$，$n$ 互质矛盾。所以，$\sqrt{2}$不是有理数，即$\sqrt{2}$是无理数。

(2)反设 ln 2 是有理数，那么可设 $\ln 2=\frac{m}{n}$($m$，$n$ 互质，$m>0$，$n\neq 0$)，于是 $e^{\frac{m}{n}}=2$，$e^m=2^n$，这表明 e 满足代数方程 $x^m-2^n=0$，但这是不可能的，因为 e 是超越数(即不是任何一个有理系数多项式的根)。所以，ln 2 不是有理数，即 ln 2 是无理数。

**例 2**　平面几何中有一个简单的定理：

等腰三角形两底角的平分线相等。

利用全等三角形很容易证明。但它的逆命题：

有两条角平分线相等的三角形是等腰三角形。

这一命题也是真的，但人们却长期找不到一个直接的证明方法，历来都只能用反证法来处理。

在$\triangle ABC$内，$BD$、$CE$ 分别是$\angle ABC$和$\angle ACB$的平分线，且 $BD=CE$，

求证：$AB=AC$。

**证法一**　(反证法)如图 1，

$S_{\triangle ABC}=S_{\triangle ABD}+S_{\triangle CBD}$，

$\frac{1}{2}ac\sin\angle ABC=\frac{1}{2}t_bc\sin\frac{\angle ABC}{2}+\frac{1}{2}t_ba\sin\frac{\angle ABC}{2}$，

所以 $2\cos\frac{\angle ABC}{2}=t_b(\frac{1}{a}+\frac{1}{c})$，同理 $2\cos\frac{\angle ACB}{2}=t_c\left(\frac{1}{a}+\frac{1}{b}\right)$。

利用 $t_b=t_c$，相减得：$\frac{2}{t_b}\left(\cos\frac{\angle ABC}{2}-\cos\frac{\angle ACB}{2}\right)=\frac{1}{c}-\frac{1}{b}$。　①

若$\angle ABC>\angle ACB$，则 $\cos\frac{\angle ABC}{2}-\cos\frac{\angle ACB}{2}<0$，且$\frac{1}{c}-\frac{1}{b}>0$，与①矛盾。类似地，可证明$\angle ABC<\angle ACB$亦不可能，所以$\angle ABC=\angle ACB$，即 $AB=AC$。

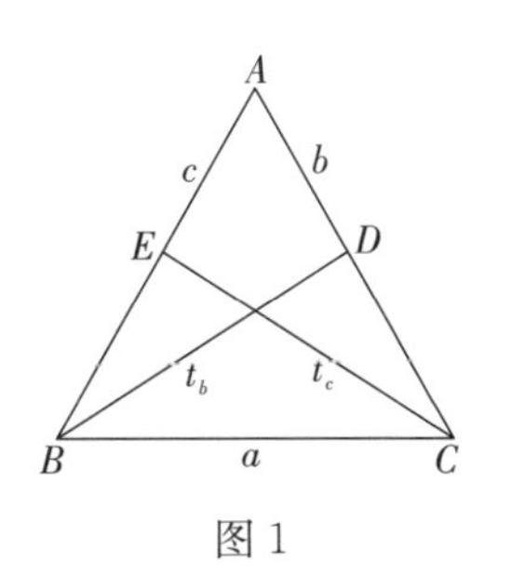

图 1

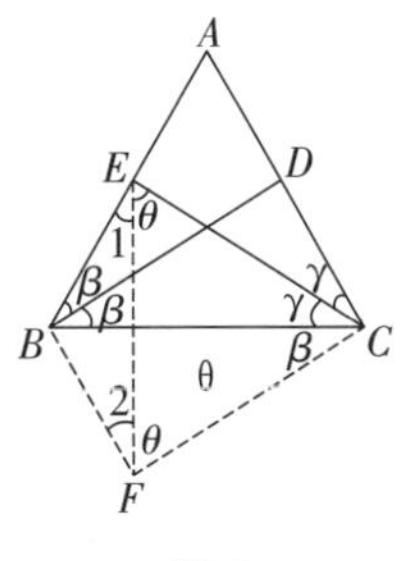

图 2

**证法二** （反证法）如图 2，设 $AB\neq AC$，则 $\angle ABC\neq\angle ACB$，不妨设 $\angle ABC>\angle ACB$，于是，在 $\triangle DBC$ 和 $\triangle ECB$ 内，$BD=CE$，$BC=CB$，$\beta>\gamma$（因为 $\beta$ 与 $\gamma$ 分别为 $\angle ABC$ 与 $\angle ACB$ 的一半，今假设 $\angle ABC>\angle ACB$），所以 $CD>BE$（夹角大者三边大）。平移 $CD$ 至 $BF$，则 $CD=BF>BE$，所以 $\angle 1>\angle 2$（大边对大角）。但是

$$\angle 1=180^\circ-\theta-2\beta-\gamma=180^\circ-(\beta+\gamma+\theta)-\beta,$$

$$\angle 2=180^\circ-\theta-2\gamma-\beta=180^\circ-(\beta+\gamma+\theta)-\gamma,$$

由于 $\beta>\gamma$，便得到 $\angle 1<\angle 2$。

这就得出了矛盾。这个矛盾证明了 $AB\neq AC$ 的假设不能成立，从而 $AB=AC$。

据说，一直到 20 世纪，才有人给出这一简单命题的直接证明。下面我们介绍两个直接证明如下。

**证法三** （直接证明法）依斯库顿定理：

三角形内角平分线长的平方，等于夹该角两边的乘积与它分对边的两线段乘积之差。

在图 1 中，$BD$ 平分 $\angle ABC$，$CE$ 平分 $\angle ACB$，则

$$BD^2=BC\cdot AB-AD\cdot DC,\quad CE^2=BC\cdot AC-AE\cdot EB。$$

根据三角形内角平分线的性质定理与合分比定理可得：

$$AD=\frac{bc}{a+c},\ DC=\frac{ab}{a+c},\ \text{同理 } AE=\frac{ac}{a+b},\ EB=\frac{bc}{a+b}。$$

注意 $BD=CE$，所以 $ac-\frac{ab^2c}{(a+c)^2}=ab-\frac{abc^2}{(a+b)^2}$，展开，整理，化简得

$$(b-c)(a^3+a^2b+a^2c+3abc+b^2c+bc^2)=0。$$

显然后一个因式恒不为零，所以只有 $b-c=0$，故 $AC=AB$。

**证法四** （直接证明法）如图 3，作 $\angle BDF=\angle BCE$ 及 $FD=BC$，且令 $F$ 与 $C$ 两点分居于直线 $BD$ 的两侧，连 $BF$。因 $BD=CE$，$BC=FD$，$\angle BCE=\angle BDF$，便知 $\triangle FDB\cong\triangle BCE$，因而 $\angle FBD=\angle BEC$。令 $BD$ 与 $CE$ 的交点为 $I$，则

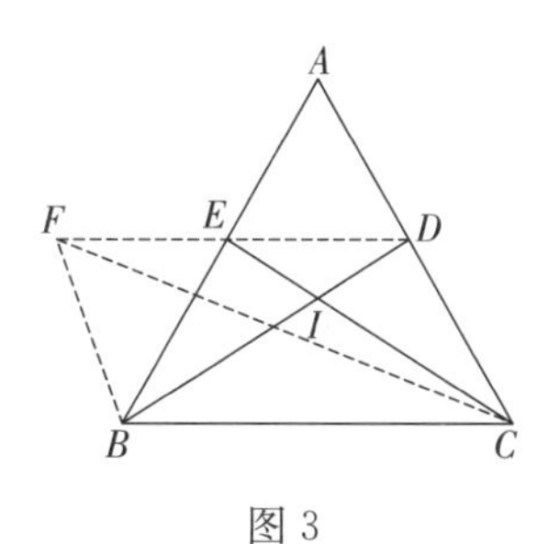


图 3

$$\angle FBC=\angle FBD+\angle DBC=\angle BEI+\angle IBE=\angle BIC,$$
$$\angle CDF=\angle CDB+\angle BDF=\angle CDI+\angle ICD=\angle BIC。$$

又$\angle BIC=90^\circ+\frac{1}{2}\angle A>90^\circ$，于是在$\triangle FBC$和$\triangle CDF$中，有$BC=DF$，$CF=CF$，$\angle FBC=\angle CDF=\angle BIC>90^\circ$，所以$\triangle FBC\cong\triangle CDF$(有两边对应相等，且其中一边所对的钝角也对应相等，则两三角形全等)，从而$FB=CD$，可知四边形$BCDF$是平行四边形。$\angle ECB=\angle BDF=\angle DBC$，故$\angle ACB=2\angle ECB=2\angle DBC=\angle ABC$，故$AB=AC$。

# 偷梁换柱与数形转换

《三十六计》中有一个偷梁换柱之计，即第二十五计。其计说：“频更其阵，抽其劲旅，待其自败，而后乘之，曳其轮也。”古人作战讲究列阵，“梁”“柱”为其主力所在位置。“偷梁换柱”就是要不断扰乱敌军阵容，调动它的主力，待敌人自乱而后乘势取胜，像绊住大车的轮子一样，控制敌军运动。《三国演义》中多处描写了这一计谋的运用。如第四十五回写曹操命令荆州降将蔡瑁、张允训练水军。“沿江一带分二十四座水门，以大船居于外为城郭，小船居于内，可通往来。至晚点上灯火，照得天心水面通红。旱寨三百余里，烟火不绝。”蔡瑁、张允训练水军甚为得法。周瑜暗窥他水寨，大惊曰：“此深得水军之妙也!”问：“水军都督是谁?”左右曰：“蔡瑁、张允。”瑜思曰：“二人久居江东，谙习水战，吾必设计先除此二人，然后可以破曹。”于是周瑜用反间计，通过蒋干盗书，使曹操中计，杀了蔡瑁、张允，换上完全不懂水战的毛玠、于禁为水军都督。接着东吴的庞统又使用连环计，让曹操把战船连了起来，完全按照周瑜的意图改变了原来的布局。

数学中也常使用“偷梁换柱”之计，不过它的用法不同，目的各异，不是为了推毁谁的“梁柱”，而是调动自己的“梁柱”，扬长避短，互相配合。数学有两根“梁柱”——数与形，两者常常要互相转换，时而以形换数，时而以数换形。

## 1. 以形换数

**例 1** 解方程 $x+\dfrac{x}{\sqrt{x^2-1}}=\dfrac{35}{12}$。

如果将方程两边平方，将变为四次方程，求解甚繁，因为 $x^2>1$，$|x|>1$，且显然 $x>0$，故可在原方程中作三角代换，如图 1，令 $x=\sec\theta$，原方程化为：

$$\frac{1}{\cos\theta}+\frac{1}{\sin\theta}=\frac{35}{12}。$$

如果再注意到 $\frac{35}{12}=\frac{5}{3}+\frac{5}{4}$，

则可知 $x=\frac{5}{3}$ 或 $\frac{5}{4}$。

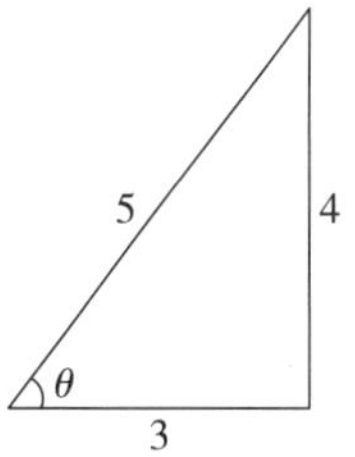

图 1

**例 2** 试确定方程组 $\begin{cases}x+y+z=3, & ①\\ x^2+y^2+z^2=3, & ②\\ x^3+y^3+z^3=3 & ③\end{cases}$ 的解

如果利用数形结合的思想，考虑到①可改写为

$$x+y+z-3=0, \quad ④$$

它表示空间中的一个平面，在 $Ox$，$Oy$，$Oz$ 轴上的截距均为 3，与坐标原点 $O$ 的距离为

$$d=\frac{|1\times0+1\times0+1\times0-3|}{\sqrt{1^2+1^2+1^2}}=\sqrt{3}。$$

而方程②是一个以原点为中心，$\sqrt{3}$ 为半径的球面，它与平面④相切，切点为(1，1，1)。因此方程只有唯一的实数解(1，1，1)。由于它的解已由方程①和②完全决定，方程③实际上是“多余”的，只要检验(1，1，1)是否适合方程③就可以了。

在这一思想的启发下，我们可以立即写出解答：

将方程②减去方程①的 2 倍，得

$$x^2+y^2+z^2-2x-2y-2z=-3,$$

即 $(x-1)^2+(y-1)^2+(z-1)^2=0$，

因为 $x$，$y$，$z$ 均为实数，解得 $x=1$，$y=1$，$z=1$。

**例 3** 已知 $x$，$y$，$z>0$ 且

$$\begin{cases}x^2+xy+y^2=1,\\ y^2+yz+z^2=3,\\ z^2+zx+x^2=4,\end{cases}$$

求 $x+y+z$ 的值。

**分析** 常见的代数方法是求三元二次方程组的正实数解，常规方法是消元、降次，尝试后发现会遇到困难，关键是如何产生一次方程，根据方程左边式子的特点可以通过因式分解来实现。但另一方面，本题中方程的结构特征可引人联想到余弦定理，从而搭建了数形转化的通道。

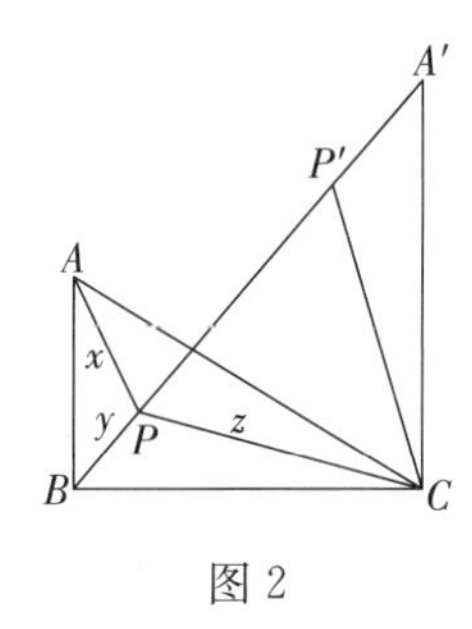


图 2

**解** 由余弦定理，得

$$x^2+xy+y^2=x^2+y^2-2xy\cos 120^\circ=1^2,$$

$$y^2+yz+z^2=y^2+z^2-2yz\cos 120^\circ=(\sqrt{3})^2,$$

$$z^2+zx+x^2=z^2+x^2-2zx\cos 120^\circ=2^2。$$

使我们想到构造三角形，如图 2，作 Rt$\triangle ABC$，$AB=1$，$BC=\sqrt{3}$，$AC=2$，从而$\angle ABC=90^\circ$，$\angle BAC=60^\circ$，$\angle ACB=30^\circ$。在$\triangle ABC$ 内取一点 $P$，使$\angle APB=\angle BPC=\angle CPA=120^\circ$。

由余弦定理知，$PA=x$，$PB=y$，$PC=z$ 是原方程组的一组解。

将$\triangle APC$ 绕 $C$ 点顺时针旋转 $60^\circ$，得$\triangle A'P'C$，易证 $A'$、$P'$、$P$、$B$ 四点共线，$x+y+z=PA+PB+PC=P'A'+PB+PP'=A'B$。

在 Rt$\triangle A'BC$ 中，有 $A'B=\sqrt{A'C^2+BC^2}=\sqrt{AC^2+BC^2}=\sqrt{7}$。

## 2. 以数换形

**例 4** 图 3 是并列的三个大小相同的正方形，

求证：$\angle 1+\angle 2+\angle 3=90^\circ$。

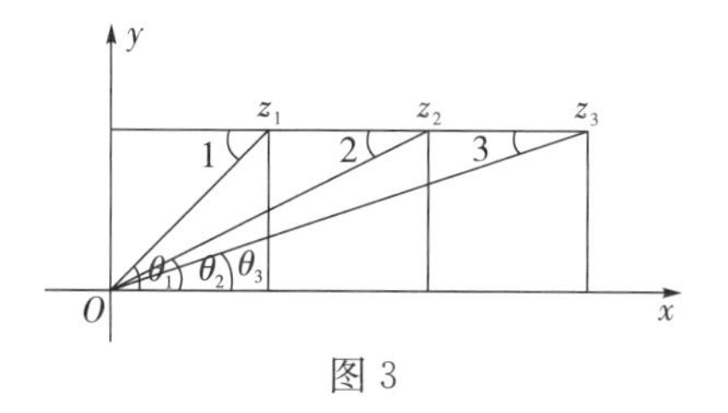


图 3

**分析** 要证$\angle 1+\angle 2+\angle 3=90°$，相当于证$\theta_1+\theta_2+\theta_3=90°$，而$\theta_1+\theta_2+\theta_3$是三个复数$z_1$、$z_2$、$z_3$的乘积的辐角，要证明$z_1 \cdot z_2 \cdot z_3$的辐角为$90°$，只需证明$z_1 \cdot z_2 \cdot z_3$是一个纯虚数，即它的实部为零。因此，我们可以用以数换形的办法，利用复数来证明本题。

**证明** 建立如图 3 的坐标系，并取正方形的边长为单位长，则有

$$z_1=1+\mathrm{i},\ z_2=2+\mathrm{i},\ z_3=3+\mathrm{i},$$

而$z_1 \cdot z_2 \cdot z_3=(1+\mathrm{i})(2+\mathrm{i})(3+\mathrm{i})=(1+3\mathrm{i})(3+\mathrm{i})=10\mathrm{i}$

它的辐角主值是$\frac{\pi}{2}$，$\angle 1$、$\angle 2$、$\angle 3$都小于$\frac{\pi}{2}$，于是

$$0<\angle 1+\angle 2+\angle 3<2\pi,$$

所以，$\angle 1+\angle 2+\angle 3=90°$。

**例 5** 已知一个四边形$ABCD$的面积等于 1，$H$、$G$和$E$、$F$分别为$AD$和$BC$的三等分点，求证：四边形$EFGH$的面积等于$\frac{1}{3}$。

**分析** 本题已经有很多人进行过充分的讨论，现在我们从数的角度来考虑这个形的问题。

设$ABCD$是一个凸四边形，把每条边三等分，连接对边的对应分点，就把它分割成 9 个四边形，其面积依次记为$S_{11}$，$S_{12}$，$S_{13}$，$S_{21}$，$S_{22}$，$S_{23}$，$S_{31}$，$S_{32}$，$S_{33}$。如果设原四边形的面积为 1，那么$S_{ij}(i,\ j=1,\ 2,\ 3)$，这些面积怎样通过数来表示呢？（见图 4(甲)）

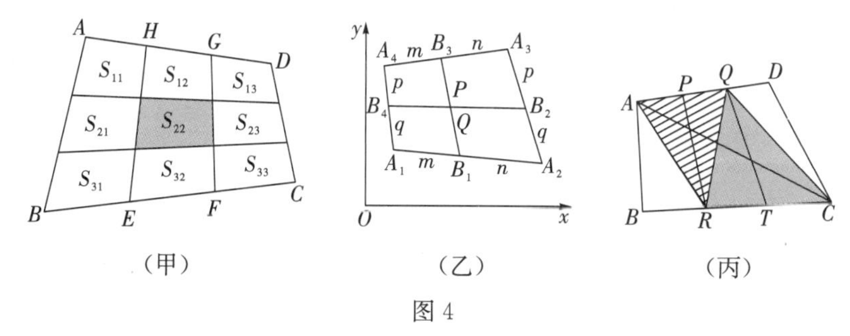


图 4

由图 4(甲)容易猜想 $S_{22}=\frac{1}{9}$，为了证明这一结论，先考虑两个问题：

第一个问题：通过图 4(乙)，证明更广泛的“一般截割定理”。

设 $B_1$ 分 $A_1A_2$、$B_3$ 分 $A_4A_3$ 为 $m:n$，$B_2$ 分 $A_3A_2$，$B_4$ 分 $A_4A_1$ 为 $p:q$，$B_1B_3$ 与 $B_4B_2$ 交于 $P$，则 $P$ 分 $B_4B_2$ 为 $m:n$，分 $B_3B_1$ 为 $p:q$。

这只要设 $A_i$ 的坐标为$(a_i, b_i)$，$i=1, 2, 3, 4$，应用定比分点公式，先算出 $B_1$，$B_3$ 的坐标，再算 $B_3B_1$ 的 $p:q$ 分点 $P$ 的坐标；然后算 $B_4$，$B_2$ 的坐标，再算 $B_4B_2$ 的 $m:n$ 分点 $Q$ 的坐标，即知 $P$ 和 $Q$ 是同一个点。

第二个问题：通过图 4(丙)证明 $S_{\text{四边形}PQTR}=\frac{1}{3}S_{\text{四边形}ABCD}$。

因 $S_{\triangle ABR}=\frac{1}{3}S_{\triangle ABC}$，$S_{\triangle CDQ}=\frac{1}{3}S_{\triangle ACD}$，故 $S_{\triangle ABR}+S_{\triangle CDQ}=\frac{1}{3}S_{ABCD}$；

又因 $S_{\triangle APR}=S_{\triangle QPR}$，$S_{\triangle RTQ}=S_{\triangle TCQ}$，故 $S_{PQTR}=S_{QPR}+S_{RTQ}=\frac{1}{2}S_{ARCQ}=\frac{1}{2}\times\frac{2}{3}S_{ABCD}=\frac{1}{3}S_{ABCD}$。

于是我们证明了：$S_{11}$，$S_{12}$，$S_{13}$ 成等差数列，$S_{21}$，$S_{22}$，$S_{23}$ 也都成等差数列。总之，每行每列都成等差数列，从而可以用数表示出 9 块面积。

如果我们把任意凸四边形一组对边 $m$ 等分，另一组对边 $n$ 等分，连接对边对应分点，凸四边形就被分割成 $mn$ 块，设第 $i$ 行、第 $j$ 列的小四边形面积为 $S_{ij}$ $(i=1, 2, \cdots, m, j=1, 2, \cdots, n)$，那么 $S_{ij}$ 有同样的性质。

# 打草惊蛇与特殊探路

《三国演义》在第二十回中说曹操擒杀吕布之后，在朝廷中取得了绝对的权势，颐指气使，专横跋扈，早不把汉朝皇帝放在眼里。谋士程昱便向曹操进言："今明公威名日盛，何不乘此时行王霸之事?"操曰："朝廷股肱尚多，未可轻动。吾当请天子田猎，以观动静。"于是拣选良马、名鹰、俊犬，弓矢俱备，先聚兵城外，操入请天子田猎。在田猎中曹操对汉献帝进行了许多傲慢无礼的挑衅行为，试探天子和大臣们的反应。

曹操为了试探汉朝君臣的心理状态，使用了打草惊蛇之计。此计之名原出《酉阳杂俎》：唐代当涂县县令王鲁是一个大贪官，有一次百姓联名投诉他的主簿(相当于今天的秘书之类的职务)贪污受贿，搜刮民财。王鲁见了诉状十分惊恐，生怕自己的罪恶行径也被连带揭发，便不由自主地在诉状上批了八个字："汝虽打草，吾已惊蛇。"后来人们把它简化为"打草惊蛇"这个成语。《三十六计》把它引为该书的第十三计，其计曰："疑以叩实，察而后动；复者，阴之媒也。"有所怀疑就要弄清实情，反复侦察研讨，是弄清隐蔽的真相的重要方法。

在数学中也常常使用打草惊蛇之计，例如解题时的特殊化方法。我们研究数学问题，总是先从简单到复杂，从特殊到一般的。当我们对一个数学问题性质不太了解时，可以从不同的角度先考虑它的特殊情况，投石问路，打草惊蛇。研究特殊情况，一般地说，要比研究一般情况容易得多。但研究特殊情况所得到的信息，往往是解决一般情况的桥梁与先导。

**例 1**　维维亚尼定理：

等边三角形内任一点到三边距离之和为定值。

**分析** 如图1，设$P$为正$\triangle ABC$内任一点，$E$、$F$、$G$分别为$P$点至三边垂线的垂足，要证明$PE+PF+PG=$定值。我们应该先了解定值是什么。为此，我们让$P$取特殊的位置，例如$A$，这时$PF$、$PG$变为0，$PE$变为$BC$边上的高。因此，我们知道，这个定值就是正三角形的高，知道了定值，下一步的证明就容易了。

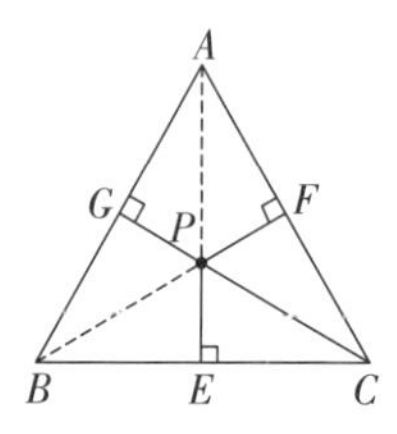

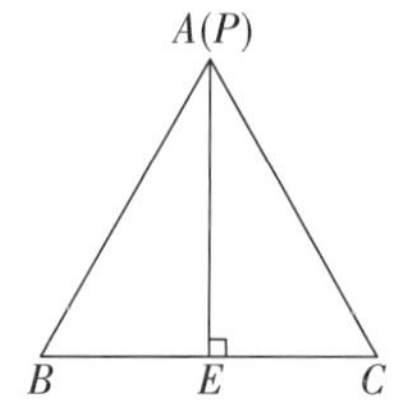


图 1

设正$\triangle ABC$的边长为$a(a\neq 0)$，高为$h$，则$h$为定值。

因为$a(PE+PF+PG)=2S_{\triangle ABC}=ha$，

所以$PE+PF+PG=h=$定值。

2005年，日本数学家川崎利用一根木棍证明了这一定理。

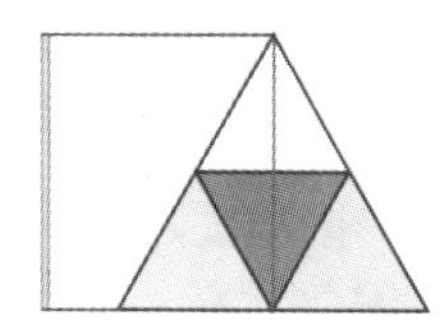
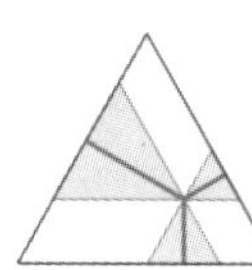
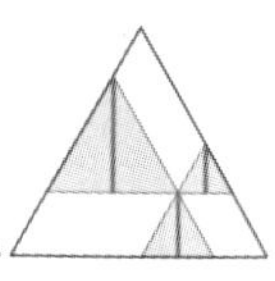
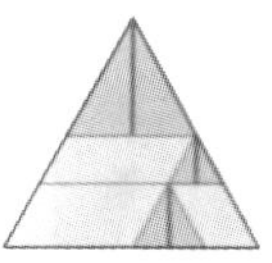

图 2

根据图2可以解决下面这个古典概率问题：

一根木棍随机地断裂成三段，这三段木棍能组成一个三角形的概率是多少?

假定这根木棍的长度等于图2中左边的等边三角形的高，则三角形内的每一点都对应着这根折成三段的一种方式。当且仅当一点落在阴影小三角形的内部时，才能使最长一段的长度小于另两段长度之和，这时才能构成三角形。因阴影小三角形的面积是整个等边三角形面积的$\frac{1}{4}$，故三段木棍能组成一个三角形的概率是$\frac{1}{4}$。

**例2** 在单位正方形的周界上任意两点间连一条曲线，如果它把正方形分成面积相等的两部分，试证这条曲线的长度不小于1。

**分析**　我们先看最特殊的情况，当所连曲线是对角线 $BD$，或两边中点的连线 $EF$ 时，命题显然成立。

今设连线为 $PQ$，不失一般性，设 $P$ 在 $BC$ 上。

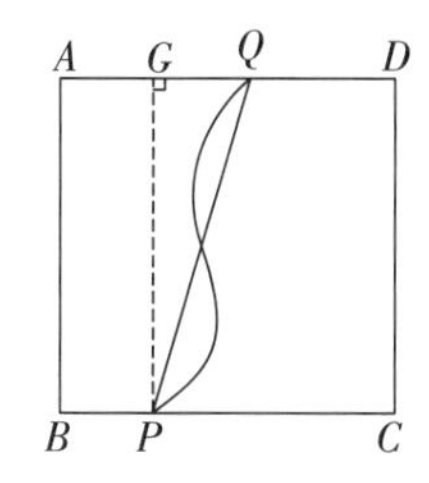


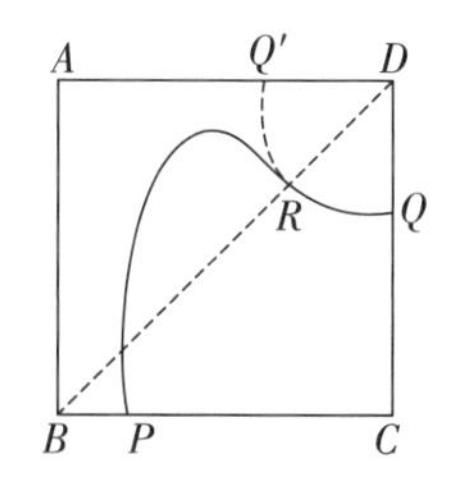


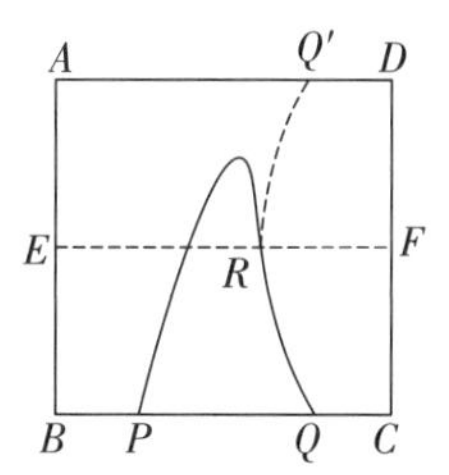


图 3

(1)若 $Q$ 在对边 $AD$ 上，则 $\overset{\frown}{PQ} \geqslant PQ \geqslant PG=1$（$PG$ 为 $P$ 至 $AD$ 的距离）。

(2)若 $Q$ 在 $BC$ 的邻边上，因 $\overset{\frown}{PQ}$ 把正方形分成面积相等的两部分，整个曲线不可能完全在对角线 $BD$ 的一旁，故与 $BD$ 对角线至少有一交点 $R$，将 $\overset{\frown}{RQ}$ 以 $BD$ 为对称轴反射到 $\overset{\frown}{RQ'}$，$Q'$ 在 $AD$ 上，这时有

$$\overset{\frown}{PQ}=\overset{\frown}{PR}+\overset{\frown}{RQ}=\overset{\frown}{PR}+\overset{\frown}{RQ'}=\overset{\frown}{PQ'}。$$

问题转化为情况(1)，故 $\overset{\frown}{PQ} \geqslant 1$。

(3)若 $Q$ 与 $P$ 同在 $BC$ 上，令 $E$、$F$ 分别为 $AB$、$CD$ 之中点，则 $\overset{\frown}{PQ}$ 至少与 $EF$ 有一个交点 $R$，以 $EF$ 为对称轴，将 $\overset{\frown}{RQ}$ 反射到 $\overset{\frown}{RQ'}$，$Q'$ 点在 $AD$ 上，这时有

$$\overset{\frown}{PQ}=\overset{\frown}{PR}+\overset{\frown}{RQ}=\overset{\frown}{PR}+\overset{\frown}{RQ'}=\overset{\frown}{PQ'}。$$

问题也转化为情况(1)，故 $\overset{\frown}{PQ} \geqslant 1$。

综上所述，不论 $P$、$Q$ 两点的位置如何，都有 $\overset{\frown}{PQ} \geqslant 1$。

**例 3**　设在桌面上有一个丝线做成的线圈，它的周长是 $2p$，我们又用纸片剪成一个直径为 $p$ 的圆形纸片。证明：不管线圈作成什么形状的曲线，我们都可以用这个圆形纸片完全盖住它。

**分析**　我们先考虑最特殊的情况，如果线圈是一个圆，它的圆心是 $O$，直径是 $AB$。这时我们只要把圆形纸片的圆心与 $O$ 重合，形成两个同心圆（图 4）。因为圆形纸片的半径大于线圈的半径，必然盖住了整个线圈。当线圈是一般形状的曲线时（图 5），我们不妨设想，这条曲线是由圆 $O$“扭曲”而

成的，圆的直径的两个端点 $A$ 和 $B$，变成了 $A'$ 和 $B'$，$O$ 点变成了 $A'B'$ 线段的中点 $O'$。我们只要把圆形纸片的圆心放在 $O'$ 点，然后证明，$O'$ 点与曲线上任一点的距离都不大于 $\frac{p}{2}$ 就可以了。

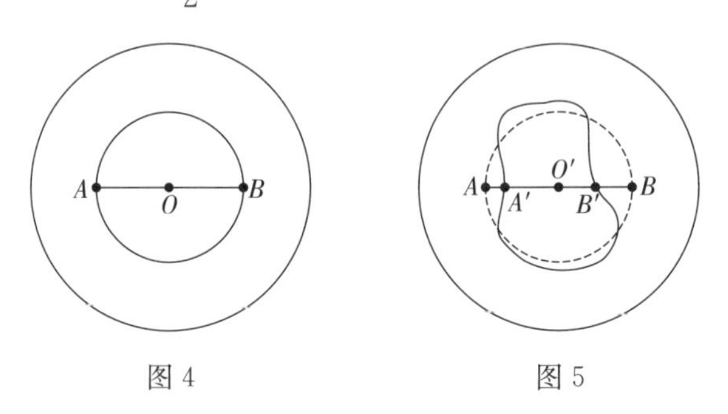


图 4　　图 5

**例 4**　一位地毯商收到了一份订单，顾客要求地毯公司为他们的环形跑道铺设地毯，但是设计图上只有唯一的一个数据(图 6)，地毯商不知道两个圆的半径，也就无法算出环形跑道的面积，不知面积，又怎么估算工程的造价呢？

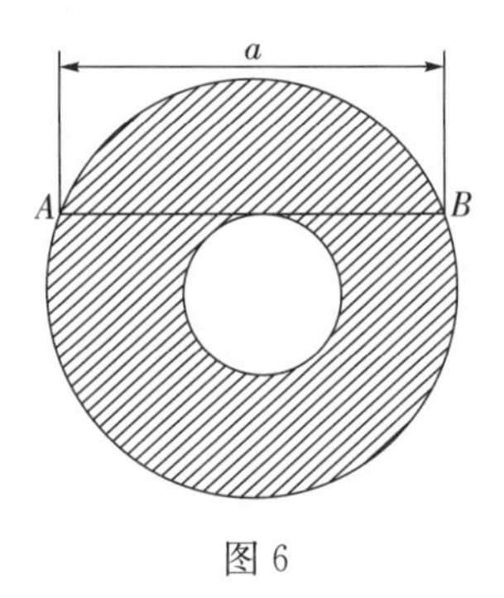


图 6

地毯商只好去向他的朋友请教。他的朋友是一位几何学家，他只看了一眼图纸就自信满满地说：“有了这一个数据就足够算出跑道的面积了。”他对地毯商解释说，既然图 6 中只有线段 $AB$ 的长度 $a$ 一个数据，就说明跑道面积只与 $a$ 有关，而与两个圆半径的大小无关。既然与两个圆的半径无关，就可以假定小圆的半径是一种特殊情况，最特殊的情况是当小圆的半径为 0 时，环形跑道就变成了大圆，大圆的直径变成了 $a$，因此，环形跑道的面积就等于以 $a$ 为直径的圆的面积(如图 7 所示)。

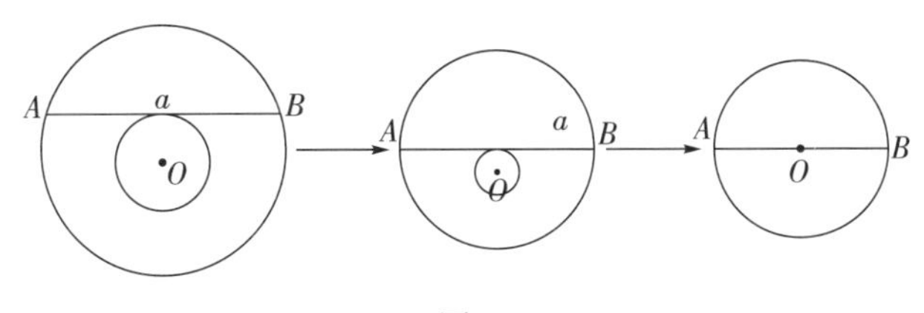


图 7

正如数学家波利亚在他的名著《怎样解题》中所指出的那样：

我们成功地解决了我们的原问题归功于两点。第一，我们想出了一个有利的辅助问题。第二，我们发现了一个从辅助问题过渡到原问题的补充说明。我们用两步解决了原问题，就像小河当中有块合适的石头可作临时的踏脚石，我们用两步过河一样。

# 战争谋略·解题思想（下）

# 假途灭虢

《三国演义》第五十六回写刘备"借"了荆州，长期不还。蜀吴双方原有文书约定，只要刘备"得了西川便还"。刘备却推辞说："益州刘璋是我的宗族兄弟，若要兴兵去取他城池，恐被外人唾骂。"周瑜便心生一计，让鲁肃对刘备说："孙、刘两家，既已结亲，便是一家。若刘氏不忍去取西川，我东吴起兵去取，取得西川时以作嫁资，刘家则把荆州交还东吴。只是东吴军队路过荆州时，希望能支应一些钱粮。"孔明早已看穿这是周瑜假途灭虢之计，便满口应承："如雄师到日，即当远接犒劳。"

周瑜以为刘备、诸葛亮真已中计，于是率领军马，浩浩荡荡渡江而来，不见刘备开城迎接，却遭四路伏兵一齐杀来。周瑜怒气填胸，箭疮复裂，坠于马下，左右急救归船，接着便去世了，年仅 36 岁。这已是"孔明三气周公瑾"了。

假途灭虢的故事原出于《左传·僖公二年》：春秋时期晋献公向虞国借路去讨伐虢国。虞国大夫宫之奇劝虞公说，虢国是虞国的门户，像唇与齿的关系，唇亡则齿寒；虢国一亡，虞国也难以保全。但虞公不听。结果，晋灭虢后，班师返国时乘机灭了虞国。《三十六计》把假途灭虢列为第二十四计，其计云："两大之间，敌胁以从，我假以势。困，有言不信。"意思是说，如果小国处于两个大国之间，敌方威胁它屈服，我方应立即援助，对处于困境中的国家仅表示口头支持是不能取得他的信任的。

数学发展到今天出现了许多不同的分支，有些分支中的问题，在本分支长期难以解决，可是放到另一分支中却被轻而易举地解决了，可以说是"假途灭虢"之计的妙用。

物理学与数学，从它们诞生之日起，就是两门互相依存的学科。解决物理问题离不开数学方法，反过来，人们也常借助物理知识找到解决数学问题的启示。

## 1. 三角形的四心

三角形有四心是大家所熟悉的。三条中线交于一点(重心)，三条高线交于一点(垂心)，三条内角平分线交于一点(内心)，三边的垂直平分线交于一点(外心)。我们现在从力学的角度出发来证明三条中线相交于一点。

在最简单的情况下，只有两个质点 $M_1$ 和 $M_2$，它们的质量分别是 $m_1$ 和 $m_2$(图 1)，其重心把线段 $M_1M_2$ 分成如下的比例：

$$d_1 : d_2 = m_2 : m_1。$$

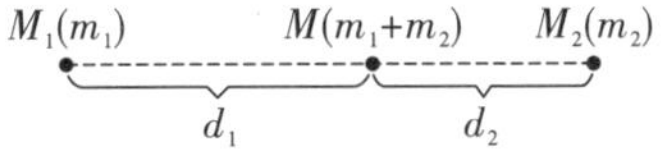

$M_1(m_1)$ $M(m_1+m_2)$ $M_2(m_2)$

$d_1$ $d_2$

图 1

对于较复杂的系统，我们只要承认下面这条原理就足够了：

若一物质系统由几部分组成，每一部分的重心都位于同一平面上，则该平面也包含整个系统的重心。

这一原理指出：三角形的重心必然位于三角形所在的平面上。于是，我们可以把三角形看成是由平行于三角形的某一边(例如图 2 的 $AB$)的无数个狭条所组成。当狭条分得很细时，它的重心就在它的中点，所有这些狭条的重心就都在三角形底边的中线上，因此整个三角形的重心也就在这条中线上。根据同一理由，它也必须在另外两条中线上，所以它必须是三条中线的公共点。

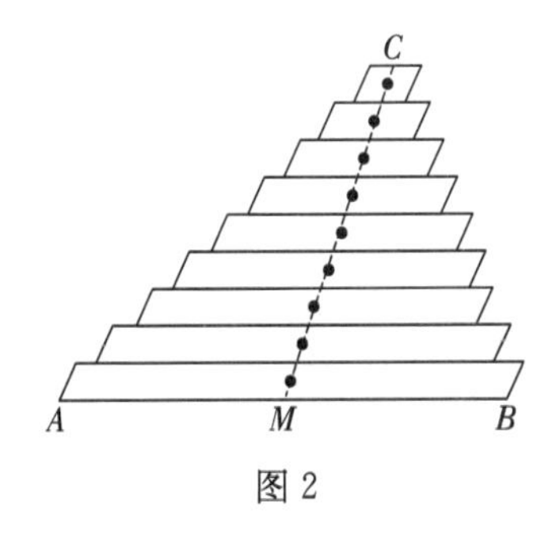


图 2

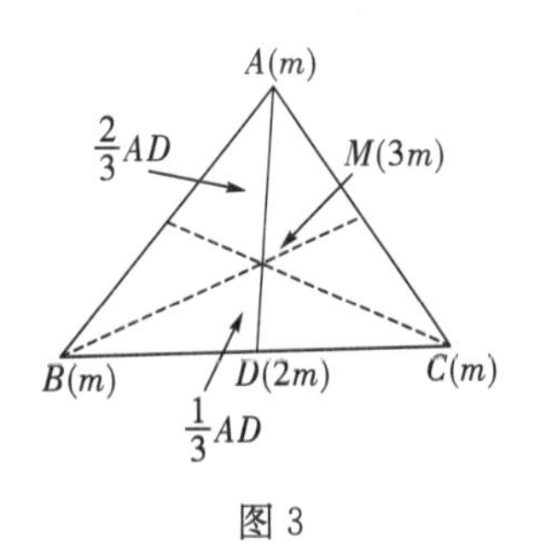


图 3

我们也可以换一种方法来考虑，设想在三角形的三个顶点处有相同的质量 $m$(图 3)，我们来看这三个质点的重心应该在什么地方。

质点 $B(m)$ 和 $C(m)$ 的重心在底边 $BC$ 的中点 $D$ 处，质量是 $2m$。质点 $D(2m)$ 和质点 $A(m)$ 的重心，就是三个质点 $A(m)$、$B(m)$ 和 $C(m)$ 的重心，应该在 $AD$ 这条中线上，并且这个重心 $M$ 将线段 $AD$ 分成如下的比例：

$$AM:MD=2m:m,$$

即 $AM=2MD$。可见 $AM=\frac{2}{3}AD$，$MD=\frac{1}{3}AD$。同理，重心 $M$ 也应该在另外两条中线上。于是三条中线都相交于重心 $M$ 这一点，它到每个顶点的距离等于相应中线长度的 $\frac{2}{3}$。

上面是设想三个顶点处有相同的质量的情形，如果这三个顶点处质量不同，将会发生什么情形？例如，在顶点 $A$ 处的质量等于对边 $BC$ 的长度 $a$，同样，在另外两个顶点 $B$、$C$ 处的质量也等于它们对边的长度 $b$、$c$(图 4)，质点 $B$、$C$ 的重心 $D$ 在线段 $BC$ 上，它把线段 $BC$ 分成如下的比例：

$$BD:DC=c:b=AB:AC。$$

如果三角形一边的某个点和由这条边形成的两条线段与这条边对角线的对边成比例，那么连接对角线顶点和这个点的射线就是三角形的角平分线，可知 $AD$ 是 $\angle BAC$ 的平分线。于是质点 $A$ 和 $D$ 的重心，也就是整个质点系 $A$、$B$、$C$ 的重心 $M$，应该在这条角平分线上，这样，我们就能很清楚地看出三角形的角平分线应该交于一点。

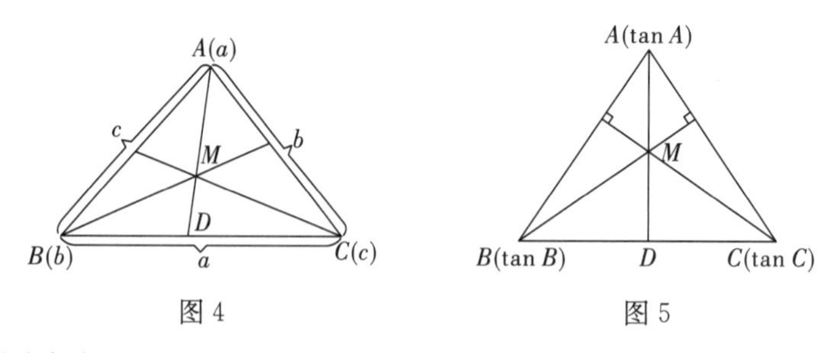


图 4　　图 5

如果我们把三顶点处的质量分布再变化一下(图 5)，$\angle BAC$、$\angle ABC$、$\angle ACB$ 都是锐角，也可以证明三角形的三条高线交于一点。

### 2. 四面体的重心

我们设想四面体 $ABCD$ 是由平行于其一棱 $AB$ 的狭条组成。如图 6，组成三角形 $ABC$ 的狭条的中点全部位于三角形 $ABC$ 的中线 $CM$ 上；组成四面体 $ABCD$ 的狭条的中点，全部位于棱 $AB$ 的中点 $M$ 与对棱 $CD$ 决定的平面上。不妨将平面 $MCD$ 称为四面体的中面。

在三角形的情况下，我们有像 $MC$ 那样的三条中线，每一条都包含三角形的重心。因此，三角形的三中线必定相交于一点，这一点就是三角形的重心。

在四面体的情况下，我们有像 $MCD$ 那样的 6 个中面，其中每个中面都必定包含四面体的重心。这样，我们就解决了质量均匀的四面体的重心问题。剩下的只是(与力学的考虑无关)用纯几何方法证明各个中面通过同一点。要实际证明这一结论，又可以类比证明三角形三中线交于一点的证明方法。考虑经过棱 $DA$、$DB$、$DC$ 的三个中面同时经过对棱的中点(如通过 $DC$ 的中面经过 $AB$ 的中点 $M$)，这三个中面与$\triangle ABC$ 所在的平面分别交于该三角形的三条中线(如过 $DC$ 的中面与$\triangle ABC$ 所在的平面相交于 $CM$)，这三条中线相交于一点，这点和 $D$ 点一样也是三中面的公共点，因此连接这两点的直线是三个中面的公共线。我们证明了，6 个中面中经过 $D$ 点的三个中面有一条公共直线，同样，对经过 $A$、$B$、$C$ 的 3 个中面也分别有相应的结论。把这些结果联系起来就会得到一个结论：这 6 个中面有一个公共点，即四面体的重心。

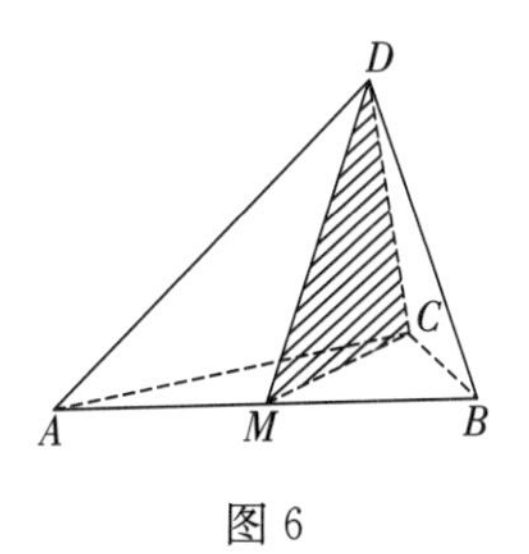


图 6

怎样决定这 6 个中面的公共点的位置呢？仍然可以用类比的方法。我们已经知道，均匀线段的重心是按 1∶1 的比例划分线段。均匀三角形的重心是按 2∶1 的比例来划分任何顶点与其对边中点的距离。而线段是一维的，三角形是二维的，四面体是三维的。那么，为什么我们不猜想四面体的重心是按 3∶1 的比例来划分任意一个顶点与其对面重心之间的距离呢？

当然这种猜测只是一种“类比推理”，未必正确。但是波利亚说得好：“如果把这种猜测的似真性当作肯定性，那将是愚蠢的；但是忽视这种似真的猜测将是同样愚蠢甚至是更为愚蠢的。”“说上述问题所提出的猜测是错误的，说这种美妙的规律性竟遭破坏，这总叫人觉得极不可能。认为和谐的简单秩序不会骗人这样一种感觉，在数学及其他科学领域中指引着作出发现的人们，并表达为拉丁格言：‘简单’是真理的标志！”

# 调虎离山

《三国演义》第七十三至七十五回写关羽计取襄阳，水淹七军，生擒于禁、斩庞德之后，威名大振，骄心日盛。关羽正集中军力，攻打樊城。东吴的吕蒙以为关羽正集中精力攻打樊城，荆州必然防守力量削弱，便企图袭取荆州。但是听说荆州依然防备严密，“沿江上下，或二十里，或三十里，高阜处各有烽火台”。吕蒙寻思无计，只好托病不出。孙权便派陆逊前来探视。陆逊明知吕蒙装病，便向吕蒙献计说：“云长倚恃英雄，自料无敌，所虑者惟将军耳。将军乘此机会，托疾辞职，以陆口之任让之他人，使他人卑辞赞美关公，以骄其心，彼必尽撤荆州之兵，以向樊城。若荆州无备，用一旅之师，别出奇计以袭之，则荆州在掌握之中矣。”吕蒙听后大喜，便托病不起，上书辞职，孙权便把吕蒙召回，却拜没有什么名气的陆逊为偏将军、右都督，代吕蒙守陆口。陆逊赴任，立即派人上书关羽，言辞十分谦卑，关羽看了书信后仰面大笑，认为陆逊是慑于自己的威名而求和，于是“无复有忧江东之意”。关羽果然撤掉荆州大半兵员赴樊城听调，导致荆州防务空虚，为下一步荆州陷落埋下了无可挽回的祸根。

调虎离山是《三十六计》中的第十五计，其计说：“待天以困之，用人以诱之，往蹇来返。”大意是说：等待天时，陷敌人于困境；利用人谋，诱敌人失误，前进时有困难，返回时就顺利了。“虎”比喻强敌，“山”比喻强敌的有利条件，调虎离山，便使虎丧失了有利的条件。

在解数学题时，也经常使用调虎离山之计。猛虎在深山，百兽震恐，非常可怕。一旦虎落平阳，就不足畏了。有些数学元素因为它们是高次、高维、高阶等，初看可能令人害怕，但如果能降次、降维、降阶，等于调虎离山，问题就好解决了。

### 1. 多元方程消元

**例 1** 解方程组 $\begin{cases} x_1x_2x_3x_4=1, & ① \\ x_1-x_2x_3x_4=1, & ② \\ x_1x_2-x_3x_4=1, & ③ \\ x_1x_2x_3-x_4=1。 & ④ \end{cases}$

**分析** 用一般的逐步代入消元，将导出高次方程而难解，因此，宜根据方程的特点，引入适当的辅助未知数，设法降次。

如果引入辅助未知数：$y_1$，$y_2$，$y_3$（$y_1=x_1$，$y_2=x_1x_2$，$y_3=x_1x_2x_3$），则由①可得 $x_2x_3x_4=\frac{1}{y_1}$，$x_3x_4=\frac{1}{y_2}$，$x_4=\frac{1}{y_3}$，

原方程组化为 $\begin{cases} y_1-\frac{1}{y_1}=1, \\ y_2-\frac{1}{y_2}=1, \\ y_3-\frac{1}{y_3}=1。 \end{cases}$

$y_1$，$y_2$，$y_3$ 都是方程 $y-\frac{1}{y}=1$ 的解，该方程的根为$y=\frac{1\pm\sqrt{5}}{2}$。

注意到 $y_1$，$y_2$，$y_3$ 每一个都可取$\frac{1\pm\sqrt{5}}{2}$中的一个值，可得出 $y_1$，$y_2$，$y_3$ 有 $2^3=8$(种)不同的组合，从而 $x_1$，$x_2$，$x_3$，$x_4$ 也相应地有 8 组解，此处不再罗列。

### 2. 高次方程降次

**例 2** 一位长寿老人与他的儿子、孙子、曾孙、玄孙五世同堂，共有 2 801人。除了玄孙们尚未生育外，其余四代人都有同样多数量的孩子，并且全都健在。请问这位寿星有几个儿子？

**分析** 通常可以列方程来解此题：

设老人有 $n$ 个儿子，则孙子一代有 $n^2$ 人，曾孙一代有 $n^3$ 人，玄孙一代

有 $n^4$ 人，依题意得方程：

$$1+n+n^2+n^3+n^4=2\ 801。 \quad ①$$

方程①为一高次方程，应设法把它降为低次方程来解，一般可用换元、分解因式等办法。

将左边的1移到右边，便得：

$$n+n^2+n^3+n^4=2\ 800,$$

将方程左边分解因式：

$$n(n+1)(n^2+1)=2\ 800=2^4\times5^2\times7。$$

若 $n$ 为偶数，则 $n+1$ 与 $n^2+1$ 都是奇数，故 $2^4=16$ 整除 $n$，$n\geqslant16$，$n(n+1)(n^2+1)\geqslant16\times17\times257=69\ 904>2\ 800$，矛盾。

若 $n$ 为奇数，则 $n+1$ 与 $n^2+1$ 都是偶数，且 $n$ 是三个因数中最小的一个，只能是 $n=7$，将 $n=7$ 代入原题检验，适合题设条件，故知这位老人有7个儿子。

对于这个问题有一个“笨拙”的解法：

$$n(n+1)(n^2+1)=2\ 800=7\times8\times50=7\times(7+1)\times(7^2+1)。$$

比较两边，猜想老人有7个儿子。经检验符合条件。

### 3. 立体图形降维

一个没有“洞”的多面体称为简单多面体。

一个简单多面体的顶点数 $V$、棱数 $E$、面数 $F$ 之间满足欧拉公式：

$$V+F-E=2。 \quad ①$$

我们采用降维的方法证明公式①。设想它是空心的，且其表面是用塑料薄膜做成的。现在将多面体切去一个面，然后将它展开在一个平面上，如图1所示。

这样一来，多面体的面减少了一个，棱数、顶点数都没有改变。对于图1右边的平面图形，应该证明的公式是

$$V+F-E=1。 \quad ②$$

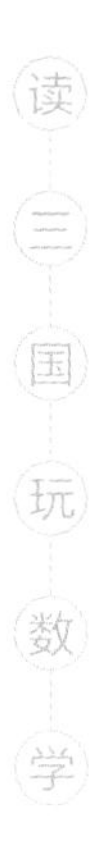

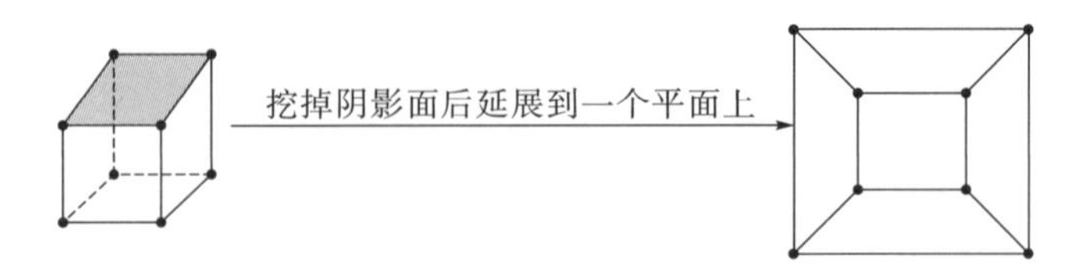


图 1

在图 1 右边的图中，添加一些对角线把每一个面都分成三角形，如图 2。每增加一条对角线，棱数 $E$ 增加了 1，但面数 $F$ 也增加了 1，顶点数 $V$ 未变，所以 $V+F-E$ 仍保持不变。

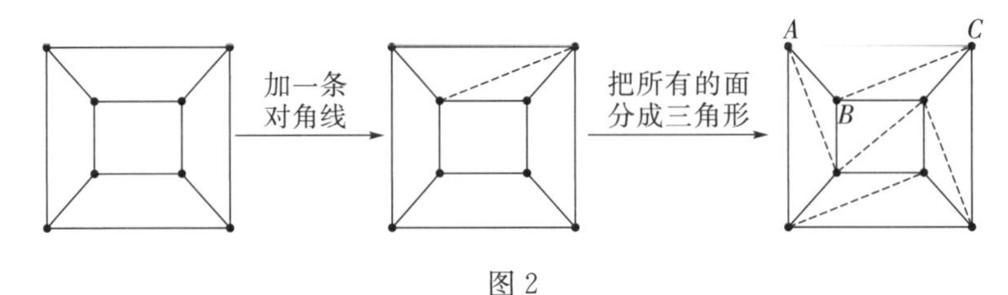


图 2

这些三角形中，有的棱位于图形的边界上，例如$\triangle ABC$，只有棱 $AC$ 不与其他三角形共有，去掉棱 $AC$，从而带阴影的那个面也去掉了，因为 $F$ 和 $E$ 都分别减少 1，$V+F-E$ 仍保持不变，如图 3 所示。

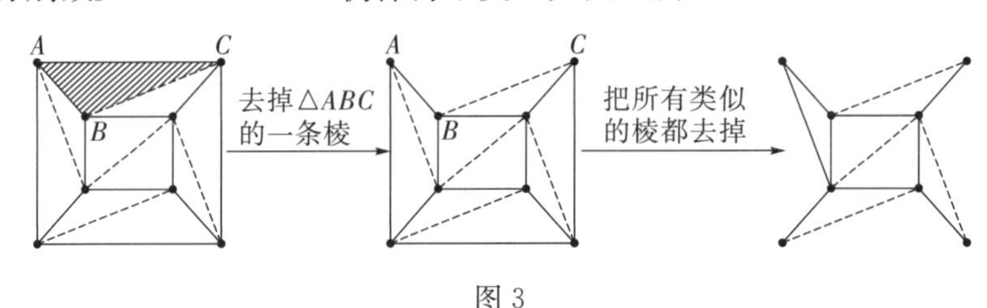


图 3

现在$\triangle PQT$ 中，去掉棱 $TP$ 和 $TQ$，这时顶点数 $V$ 减少 1(点 $T$)，面数 $F$ 减少 1($\triangle PQT$)，棱数 $E$ 减少 2($TP$ 和 $TQ$)，$V+F-E$ 仍不改变，如图 4 所示。

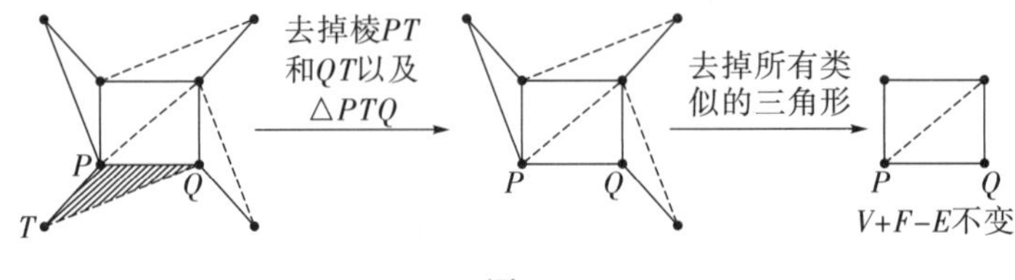


图 4

不断去掉三角形，直到只剩下一个三角形，它具有 3 条棱，1 个面和

3 个顶点，显然有 $V+F-E=3+1-3=1$。但它的 $V+F-E$ 的值与原来的平面图形是一样的，故必有②式成立。从而欧拉公式①成立。

有了公式①，就不难证明正多面体只有五种了。

假设一个正多面体共有 $F$ 个面，$E$ 条棱，$V$ 个顶点，每个面是一个正 $n$ 边形，每个顶点处有 $r$ 条棱相交。因为每条棱都属于两个面，如果通过面来计算棱数，应该有 $nF=2E$。又因为每条棱都连接两个顶点，每个顶点处有 $r$ 条棱相交，所以有 $rV=2E$。于是 $F=\frac{2E}{n}$，$V=\frac{2E}{r}$，代入公式①就有

$$\frac{2E}{n}+\frac{2E}{r}=E+2。\qquad ③$$

因为一个面至少有 3 条边，每一个顶点至少通过 3 条棱，所以应有 $n\geqslant 3$，$r\geqslant 3$。但是由③容易看出，$n$ 和 $r$ 不能两个都大于 3，故 $n$ 和 $r$ 两个数中至少有一个等于 3。

若 $r=3$，则③式变为 $\frac{2E}{n}+\frac{2E}{3}=E+2$，即 $\frac{2E}{n}=\frac{E}{3}+2$，从而 $\frac{2E}{n}>\frac{E}{3}$，$6E>nE$，所以 $n$ 必须小于 6，则 $n=3$，4，5，这时 $E=6$，12，30，分别对应于正四面体、正六面体和正十二面体。

若 $n=3$，则 $\frac{2E}{r}=\frac{E}{3}+2$，同理可知 $r=3$，4，5，这时 $E=6$，12，30，对应的是正四面体、正八面体和正二十面体。

两种情况合起来只有五种正多面体。

# 李代桃僵

《三国演义》第五回写袁绍会盟诸侯声讨董卓，长沙太守孙坚愿为前部先锋，与董卓部将华雄交战。由于管理粮草的袁术拒不供应孙坚军队粮草，孙坚的军队因为缺粮未战自乱，被华雄袭寨，坚军大败。众将各自混战，止有祖茂跟定孙坚，突围而走。背后华雄追来。孙坚苦战不能脱身，正无计可施。祖茂曰："主公头上赤帻射目，为贼所识认。可脱帻与某戴之。"孙坚脱掉赤帻换了祖茂的头盔，祖茂则戴上孙坚的赤帻分两路突围。华雄军马只望赤帻者追赶，结果祖茂战死，孙坚从小路逃脱。

孙坚与祖茂在不得已的情况下用了李代桃僵之计。李代桃僵被《三十六计》列为第十一计，其计云："势必有损，损阴以益阳。"意谓局势发展到必然有所损失的时候，应该以牺牲局部的损失，换取全局的胜利。

今天人们使用这一成语时多指互相顶替，代人受过，甚至以邻为壑之类的行为，与原意不合。原意是比喻兄弟相爱相助，患难与共。原出于郭茂倩乐府诗《鸡鸣》："桃生露井上，李树生桃旁。虫来啮桃根，李树代桃僵。树木身相代，兄弟还相忘。"数学中也常常使用这一成语的思想，却正是按其本来的意义使用的。

我国古代有一道趣味数学问题：

桃子一个要三文钱，李子一个要四文钱，而橄榄一文钱可以买七个，若拿一百文钱去买这三种果子，每种都得买，又恰好买一百个，问每种应各买几个？

此问题列三元一次不定方程来求解会比较麻烦。我们不妨先来个"李代桃僵"，先让李子消失，只买桃子和橄榄。因为橄榄的个数必须是 7 的倍数，先试买 70 个橄榄，需要 10 文，还剩 $100-10=90$(文)。恰好可买 $90\div3=$

30(个)桃子，于是得到一种买法(30，0，70)。但这种买法没有李子，不合题意，应设法调整。调整的办法有两种：

A. 将4个桃子换3个李，价格不变，数量减少1个；

B. 将1个李换1个桃，7个橄榄，价格不变，数量增加7个。

先按A调整：调整7次，桃减少4×7＝28(个)，李增加3×7＝21(个)，即(30，0，70)→(30－4×7，0＋3×7，70)＝(2，21，70)。

再按B调整：补足减少的水果数量。调整1次，桃增加1个，李减少1个，橄榄增加7个，即

(2，21，70)→(2＋1，21－1，70＋7)＝(3，20，77)。

总个数已达到100，已不能继续调整，故本题只有一组解答。即买桃子3个、李子20个、橄榄77个。

消去是变形转化中常用的技巧，数学解题中常常要使用“消去法”，让某些元素消亡，使留下的元素发挥更好的作用。在代数中解方程组时的消元，在级数求和时的消项，在几何证明中的消点，等等，“消”的思想就是要尽可能地缩小考虑的范围，使条件高度集中以利于重点突破。

### 1. 几何证明的消点法

在研究几何定理的机器证明中，张景中院士以他多年来发展的几何新方法(面积法)为基本工具，提出了消点思想，于1992年突破了这项难题，实现了几何定理机器可读证明的自动生成。这一新方法既不以坐标为基础，也不同于传统的综合方法，而是一个以几何不变量为工具，把几何、代数、逻辑和人工智能方法结合起来所形成的开放系统。它选择几个基本的几何不变量和一套作图规则，并且建立一系列与这些不变量和作图规则有关的消点公式，当命题以作图语句的形式输入时，程序可调用适当的消点公式把结论中的约束关系逐个消去，最后水落石出，消点的过程记录与消点公式相结合，就是一个具有几何意义的证明过程。

更值得一提的是，这种方法也可以不用计算机而由人用笔在纸上执行，此种方法被称为证明几何问题的消点法。消点法把证明与作图联系起来，把几何推理与代数演算联系起来，使几何解题的逻辑性更强了，它结束了几千

年来几何命题证无定法的局面，把初等几何解题法从只运用四则运算的层次推进到代数方法的阶段。从此，几何证题有了以不变应万变的模式。

**例 1** 求证：平行四边形对角线相互平分。

**分析** 做几何题必须先画图，画图的过程就体现了题目中的假设条件，如图 1，它可以这样画出来：

(1)任取不共线三点 $A$，$B$，$C$；

(2)取点 $D$ 使 $AD /\!/ BC$，$DC /\!/ AB$；

(3)取 $AC$，$BD$ 的交点 $O$。

由此，图中五个点的关系已很清楚：先得有 $A$，$B$，$C$，然后才有 $D$，有了这四点后才能有 $O$。这种点与点之间的制约关系，对解题是至关重要的。

要证明的结论是 $AO=OC$，即 $AO:CO=1$，因而解题思路是：要证明的等式左端有三个几何点 $A$，$C$，$O$ 出现，右端却只有数字 1，若能想办法把字母 $A$，$C$，$O$ 通通消掉，不就水落石出了吗?！首先着手从式子 $AO:CO$ 中消去最晚出现的点 $O$。用什么办法消去一个点，这要看此点的来历和它出现在什么样的几何量之中。点 $O$ 是由 $AC$，$BD$ 相交而产生的，$AO:CO$ 等于 $\triangle ABD$ 与 $\triangle BCD$ 面积之比，因而可用三角形面积之比消去点 $O$。下一步轮到消去点 $D$，根据点 $D$ 的来历：$AD /\!/ BC$，故 $S_{\triangle CBD}=S_{\triangle ABC}$，$DC /\!/ AB$，故 $S_{\triangle ABD}=S_{\triangle ABC}$，于是得到证法。

**证明** 因为 $\dfrac{AO}{CO}=\dfrac{S_{\triangle ABD}}{S_{\triangle CBD}}=\dfrac{S_{\triangle ABC}}{S_{\triangle ABC}}=1$，所以 $AO=CO$。

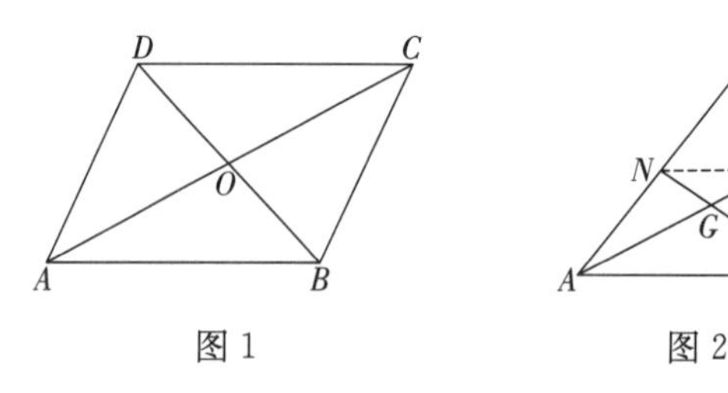


图 1　　图 2

**例 2** 如图 2，设 $\triangle ABC$ 的两条中线 $AM$，$BN$ 相交于点 $G$，求证：$AG=2GM$。

**分析** 先弄清作图过程。

(1)任取不共线三点 $A$，$B$，$C$；

(2)取 $AC$ 的中点 $N$，取 $BC$ 的中点 $M$；

(3)取 $AM$ 与 $BN$ 的交点 $G$。

要证明 $AG=2GM$，即 $AG:GM=2$，为此应当顺次消去待证结论式左边的诸点 $G$，$M$，$A$。

**证明** 因为 $\frac{AG}{GM}=\frac{S_{\triangle ABN}}{S_{\triangle BMN}}=\frac{S_{\triangle ABN}}{\frac{1}{2}S_{\triangle BCN}}=2\cdot\frac{\frac{1}{2}S_{\triangle ABC}}{\frac{1}{2}S_{\triangle ABC}}=2$，所以 $AG:GM=2$。

## 2. 解代数方程的消元法

**例 3** 四对夫妻在夏日野餐中喝了 32 瓶柠檬汽水。四位女士用 $a$，$b$，$c$，$d$ 表示，四位男士用 $A$，$B$，$C$，$D$ 表示。$a$，$b$，$c$，$d$ 四位女士分别喝了 1 瓶，2 瓶，3 瓶，4 瓶汽水，丈夫们喝的不亚于妻子。$A$ 先生与妻子一样多；$B$ 先生比妻子多一倍；$C$ 先生比妻子多两倍，$D$ 先生比妻子多三倍。他们谁和谁是夫妻？

**分析** 解此问题肯定要列方程、消元，消元时考虑有无简便方法。

设四位女士 $a$，$b$，$c$，$d$ 分别喝了 $x$ 瓶，$y$ 瓶，$z$ 瓶，$u$ 瓶汽水（$\{x, y, z, u\}=\{1, 2, 3, 4\}$），则四位男士分别喝了 $x$ 瓶，$2y$ 瓶，$3z$ 瓶，$4u$ 瓶，四对夫妻喝的总瓶数为

$$2x+3y+4z+5u=32。 \quad ①$$

因为 $x+y+z+u=10$，所以 $u=10-x-y-z$，代入①式得

$$18=3x+2y+z。 \quad ②$$

由②知 $x$ 与 $z$ 同奇偶。由于 $2y+z<3\times4=12$，所以 $3x>18-12$，即 $x>2$。

若 $x=3$，则 $2y+z=9$，由 $y$，$z\in\{1, 2, 4\}$可得 $y=4$，$z=1$，$u=2$；若 $x=4$，则 $2y+z=6$，由于 $y$，$z\in\{1, 2, 3\}$，可知不存在符合题意的 $y$，$z$，使 $2y+z=6$。

因此，方程只有唯一解：$x=3$，$y=4$，$z=1$，$u=2$。$A$ 与 $c$，$B$ 与 $d$，$C$ 与 $a$，$D$ 与 $b$ 是夫妻。

**例 4** 解方程 $\sqrt{x+1}+\sqrt{x-1}-\sqrt{x^2-1}=x$。

**分析** 如果按一般解无理方程的方法——移项，平方，化简，再平方，…，其运算是很繁杂的，但仔细观察原方程不难发现，三个根式中的被开方数有一定的联系，若作代换：

$$\sqrt{x+1}=u，\sqrt{x-1}=v，则\sqrt{x^2-1}=uv。$$

原方程转化为如下的方程组：

$$\begin{cases}u+v-uv=x,\\u^2+v^2=2x,\\u^2-v^2=2.\end{cases}$$

消去 $x$ 后得$\begin{cases}(u+v)^2-2(u+v)=0,\\u^2-v^2=2.\end{cases}$

由此求出 $u$，$v$ 的正根，即可求得 $x$。

**例 5** 一位旅行者步行了 5 h，他先走的是平路，然后爬山，到了山顶之后就原路下山，再走平路，回到出发点。已知他走平路的速度是 4 km/h，上山时的速度是 3 km/h，下山时的速度是 6 km/h，请问这位旅客一共走了多少路程？

有人认为这个题目缺少条件，做不出来。然而作者还是把它解决了。

设旅行者走过的全部路程为 $x$ km，上坡（或下坡）路程为 $y$ km。整个行程可分为四段，根据题意可列出方程：

$$\frac{\frac{1}{2}x-y}{4}+\frac{y}{3}+\frac{y}{6}+\frac{\frac{1}{2}x-y}{4}=5。 \quad ①$$

在方程①左边整理化简时，未知数 $y$ 被巧妙地消去了，于是原方程变为 $\frac{1}{4}x=5$，即 $x=20$，这位旅客一共走了 20 km。

实际上，利用等式$\frac{1}{2}+\frac{1}{3}+\frac{1}{6}=1$，我们也可以这样列方程：

设旅行者走的路线中平路的距离为 $x$ km，坡路的距离为 $y$ km。整个行程所需的时间是$\frac{1}{4}x+\frac{1}{4}x+\frac{1}{3}y+\frac{1}{6}y=5$，注意到$\frac{1}{4}+\frac{1}{4}=\frac{1}{2}$，$\frac{1}{3}+\frac{1}{6}=\frac{1}{2}$，化简方程得 $x+y=10$。这正是单段路程的距离，所以这位旅客来回一共走了 20 km。

# 增兵减灶

战国中期齐魏马陵之战是一次以弱胜强的著名战例。魏将庞涓攻韩，韩向齐求救。次年，齐威王派田忌、孙膑等前往救韩，直逼魏都大梁。魏惠王派太子申领兵，庞涓为将，带十万大军迎战齐军。孙膑使用“增兵减灶”的计谋诱敌。齐军在进入魏国的第一天造了十万个灶，第二天减到五万个，第三天减到三万个。庞涓误认为齐军胆怯，士卒逃亡过半，乃弃其步兵，只带轻骑精锐兼程追赶齐军。魏军在马陵狭窄地带遭遇齐军埋伏，庞涓兵败自杀。后人称孙膑的计谋为“增兵减灶”。

《三国演义》第一百回却写孔明反其道而行之，使用“减兵增灶”的计谋瞒过司马懿安全退兵的故事。

蜀后主中了司马懿的反间计，听信叛徒苟安的流言，下诏召回在前线取得胜利的蜀国军队，诸葛亮无奈撤军。姜维问曰：“若大军退，司马懿乘势掩杀，当复如何?”孔明曰：“吾今退军，可分五路而退。今日先退此营，假如营内一千兵，却掘二千灶，明日掘三千灶，后日掘四千灶：每日退军，添灶而行。”司马懿料苟安的反间计已经奏效，算计停当，只待蜀兵退时便趁势掩杀。正踌躇间，忽报蜀寨空虚，人马皆去。懿因孔明多谋，不敢轻追，自引百余骑前来蜀营内踏看，教军士数灶，仍回本寨；次日，又教军士赶到那个营内，查点灶数。回报说：“这营内之灶，比前又增一分。”司马懿谓诸将曰：“吾料孔明多谋，今果添兵增灶，吾若追之，必中其计；不如且退，再作良图。”于是回军不追。孔明不折一人，望成都而去。

“增兵减灶”与“减兵增灶”虽然是两个相反的操作，但是可以提炼出一个相通的模型。

设正常情况下军队总共 $A$ 人需要灶 $B$ 个。若每灶增加供应 $a_1$ 人，则灶可减少 $b_1$ 个；若每灶减少供应 $a_2$ 人，则灶需增加 $b_2$ 个。怎样求 $A$ 与 $B$？

这是一个典型的“盈不足”问题。“盈不足术”是中国古代数学园地独具特色的方法，《九章算术》专设一章对这类问题进行了详尽的讨论。《九章算术》中的“盈不足术”，一般可表述为下面“共买物”的数学模型：

若干人凑钱买一物品，若每人出钱 $a_1$，则剩钱 $b_1$；若每人出钱 $a_2$，则不足钱 $b_2$。问物价、人数各是多少？

《九章算术》对这种模型给出了两种算法，其中的第一种算法用现代汉语表述，是这样说的：

(1)把每次各人出的钱数、盈数、不足数写成一个方阵，盈数、不足数写在下方(置所出率，盈、不足各居其下)。

$a_1 \qquad a_2$

$b_1 \qquad b_2$

(2)交叉相乘，并把乘积相加作为分子，把盈和不足数相加作为分母(令维乘所出率，并以为实。并盈、不足为法)。

$a_1 \qquad a_2$ (交叉) $b_1 \qquad b_2$

$\frac{a_1b_2+a_2b_1}{b_1+b_2}$

(3)除得的结果就是每人应出的钱数 $C$(实如法而一)。

$C=\frac{a_1b_2+a_2b_1}{b_1+b_2}$

(4)用两次出钱数的较多者减去较少者，将其差作为除数，分别去除(2)中的分子和分母(置所出率，以少减多，余，以约法、实)。

$a_1 \qquad a_2$

(假定 $a_1>a_2$)

$a_1-a_2$

(5)$A$ 为物价，$B$ 为人数(实为物价，法为人数)。

$A=\frac{a_1b_2+a_2b_1}{a_1-a_2}$

$B=\frac{b_1+b_2}{a_1-a_2}$

这个模式的固定算式是：

$$物价\ A=\frac{a_1b_2+a_2b_1}{a_1-a_2};$$

$$人数\ B=\frac{b_1+b_2}{a_1-a_2};$$

$$每人应出钱数\ C=\frac{a_1b_2+a_2b_1}{b_1+b_2}。$$

唐宣宗时，有一个名叫杨损的高官，他为人刚正不阿，不畏权贵；做官清明廉洁，不谋私利。据《唐阙史》记载，在公元855年前后，有一次，杨损要从手下的两个办事员中提升一人。但这两个办事员的职位、能力、资历、业绩都不相上下，群众对两人的评价，甚至两人历年考绩档案中的评语也基本一致。无论先提拔谁对另一个都显得不公平。杨损经过反复考虑，决定当着众多官员的面，让两位待提拔者参加考试。考试的题目是一道由杨损编制的数学题：

有夕道于丛林间者，聆群跖评窃贿之数，且曰："人六匹则长五匹，人七匹则短八匹。"不知几人复几匹？

这正是一个典型的"盈不足"问题。

**例1** 两马相遇问题

今有良马与驽马发长安至齐。齐去长安三千里。良马初日行一百九十三里，日增十三里。驽马初日行九十七里，日减半里。良马先至齐，复还迎驽马。问几何日相逢及各行几何？

本题是《九章算术·盈不足》第18题。《九章算术》用盈不足术解此题，它指出：设经过15日相遇，则不足337里半，设经过16日相遇，则有多140里。有余与不足交叉相乘所设日数，相加作为被除数，有余与不足相加作为除数，两者相除即得所求日数，如不能除尽，则约去公共除数。

以上解法用现代式子写出就是：

$$\frac{15\times140+16\times337.5}{140+337.5}=15\frac{135}{191}(\text{日}),$$

即两马$15\frac{135}{191}$日相遇。

再利用等差数列求和公式可算出相遇时良马行$4534\frac{46}{191}$里，驽马行$1465\frac{145}{191}$里。

**例2** 老鼠穿墙问题

今有垣厚五尺，两鼠对穿，大鼠日一尺，小鼠亦日一尺。大鼠日自倍，小鼠日自半，问几何日相逢？

此题是《九章算术·盈不足》的最后一题，译成现代汉语，其大意是：

现有墙厚5尺，两只老鼠正对着墙从两头分别打洞，第一天两鼠各打进一尺，以后大老鼠每天进度增加一倍，小鼠每天进度减少一半，问几天后两鼠把墙打穿？

两鼠两天穿过：$1+2+1+0.5=4.5$(尺)，尚差0.5尺；即$a_1=2$，$b_1=0.5$，

两鼠三天穿过：$4.5+4+0.25=8.75$(尺)，超过3.75尺，即$a_2=3$，$b_2=3.75$。

所以，两鼠相遇所需天数为：$C=\frac{2\times 3.75+3\times 0.5}{0.5+3.75}\approx 2.12$(天)。

如果用列方程的方法来解此题，将导出指数方程，所以用盈不足术求出的根只能是近似值。

设两只老鼠$x$天相遇，则大鼠$x$天前进的距离为

$$1+2+4+\cdots+2^{x-1}=\frac{2^x-1}{2-1}=2^x-1;$$

小鼠$x$天前进的距离为

$$1+\frac{1}{2}+\frac{1}{4}+\cdots+\frac{1}{2^x-1}=\frac{1-\frac{1}{2^x}}{1-\frac{1}{2}}=2-\frac{2}{2^x}。$$

洞长5尺，依题意可列方程：

$$(2^x-1)+\left(2-\frac{2}{2^x}\right)=5,$$

化简得

$$(2^x)^2-4\times 2^x-2=0,$$

设$y=2^x$，则上式化为

$$y^2-4y-2=0。$$

解此二次方程，得$y=2\pm\sqrt{6}$，因为$y=2^x>0$，所以$y=2+\sqrt{6}$，即$2^x=2+\sqrt{6}$。两边取对数，得

$$x\lg 2=\lg(2+\sqrt{6}),$$

$$x=\frac{\lg(2+\sqrt{6})}{\lg 2}\approx 2.15(\text{天})。$$

故大约 2.15 天两鼠相遇。

我国古代不是用列方程来解应用题的，而是把各种应用题分型划类，提炼出若干模型，然后针对各种模型，提出一种或数种巧妙的算法。根据各种模型的算法就可以解决这一类型的所有问题。例如，“盈不足术”这个模型，虽然结果有时没有用列方程来解更精确，但从数学方法论的角度看，“盈不足术”蕴含了模型化方法，化归方法以及近似、逼近的方法。这些方法对数学的发展乃至当今数学教学都有很好的借鉴意义。

# 金蝉脱壳

在《三国演义》第四十七至四十八回中，庞统向曹操“献”了连环计，正要上船离开曹营，忽见岸上一人，道袍竹冠，一把扯住统曰：“你好大胆！黄盖用苦肉计，阚泽下诈降书，你又来献连环计：只恐烧不尽绝！你们把出这等毒手来，只好瞒曹操，也须瞒我不得！”唬得庞统魂飞魄散。急回视其人，原来却是徐庶。因为此时徐庶随军在曹营中，吴蜀联军破曹之后，难免玉石俱焚，因而向庞统求教脱身之术。庞统笑曰：“元直如此高见远识，谅此有何难哉！”便对徐庶耳边略说数语。第二天便有探事人报知曹操：“军中传言西凉州韩遂、马腾谋反，杀奔许都来。”曹操大惊，急聚众谋士商议。徐庶主动请缨曰：“庶蒙丞相收录，恨无寸功报效。请得三千人马，星夜往散关把住隘口，如有紧急，再行告报。”操喜曰：“若得元直去，吾无忧矣！散关之上，亦有军兵，公统领之。目下拨三千马步军，命臧霸为先锋，星夜前去，不可稽迟。”徐庶辞了曹操，与臧霸便行。此便是庞统救徐庶之计。

徐庶使用了金蝉脱壳之计。此计是《三十六计》的第二十一计。运用此计，关键在于“脱”。要善于“脱”，必须内容已变而形体尚存，抽身欲去而气势未减。友军不至怀疑，敌军不敢妄动。

数学解题时的某些转化工作也可以说是金蝉脱壳之计，同一数学元素有时能表现为多种形式，在一种形式中遇到困难，一筹莫展；但一转化为另一种形式就会豁然开朗，使复杂变成简单，隐晦化为明显，从而使我们找到解决问题较简便的方法。

在中学数学中经常要和$|x|$，$\sqrt{x}$，$[x]$之类的量打交道，它们的符号就像一只附在数身上的壳，需要随时用“金蝉脱壳”之计把它去掉，但是要去

掉这些符号，有时是很麻烦的，金蝉脱壳是需要计谋的。

## 1. 去绝对值符号

解这类问题的常见方法是巧妙地分段讨论。

**例 1** 解含绝对值的方程：$|x-2|+|x+1|=5$。

**解** 本题应分三个区间讨论以消去绝对值符号：

(1)当 $x<-1$ 时，

$-(x-2)-(x+1)=5$，解得 $x=-2$；

(2)当 $-1\leqslant x\leqslant 2$ 时，

$-(x-2)+x+1=5$，无解；

(3)当 $x>2$ 时，

$x-2+x+1=5$，解得 $x=3$。

故原方程的解是 $x=-2$，3。

解根式方程有时可归结为解含绝对值的方程，如

$$\sqrt{5+x-4\sqrt{x+1}}+\sqrt{10+x-6\sqrt{x+1}}=1,$$

可化为 $|\sqrt{x+1}-2|+|\sqrt{x+1}-3|=1$。

解得 $3\leqslant x\leqslant 8$。

## 2. 去根号

为了去掉根号，有时要多次乘方，越乘越高。若问题依旧不好解决，这时应考虑有无简便方法。

**例 2** 若 $a_1$，$b_1$，$c_1$，$a_2$，$b_2$，$c_2$ 都是实数，求证：

$$\sqrt{(a_1-b_1)^2+(a_2-b_2)^2}+\sqrt{(a_1-c_1)^2+(a_2-c_2)^2}\geqslant\sqrt{(b_1-c_1)^2+(b_2-c_2)^2}.$$

**分析** 本题若按照一般代数方法求证，是比较困难的，但是，如果我们把这些代数式子与解析几何挂起钩来，如 $\sqrt{(a_1-b_1)^2+(a_2-b_2)^2}$ 可看作坐标为 $(a_1, a_2)$，$(b_1, b_2)$ 的两点之间的距离，问题便可迎刃而解了。

**证明** 如图，取平面直角坐标系中三点 $A(a_1, a_2)$，$B(b_1, b_2)$，$C(c_1, c_2)$，则有：

$$AB=\sqrt{(a_1-b_1)^2+(a_2-b_2)^2},$$

$$AC=\sqrt{(a_1-c_1)^2+(a_2-c_2)^2},$$

$$BC=\sqrt{(b_1-c_1)^2+(b_2-c_2)^2}。$$

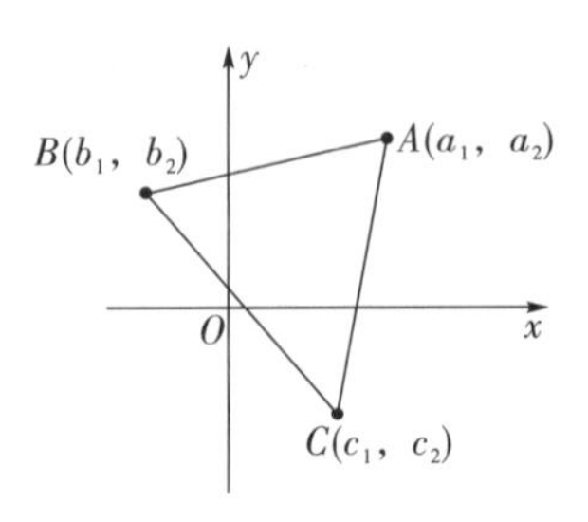


根据三角形两边之和大于第三边的定理，不等式成立。

**例 3** 设 $a\geqslant\frac{1}{8}$，求证：$\sqrt[3]{a+\frac{a+1}{3}\sqrt{\frac{8a-1}{3}}}+\sqrt[3]{a-\frac{a+1}{3}\sqrt{\frac{8a-1}{3}}}=1$。

这个题目，看起来似乎十分复杂，不知如何着手进行证明，但是，我们如果仔细观察，就会发现等式左边的两个加式中都含有相同的根式$\sqrt{\frac{8a-1}{3}}$。假如令 $x=\sqrt{\frac{8a-1}{3}}$，这两个加式就去掉了一层根号，变得简单一些；进一步考虑，我们还会发现，通过这个替换，两个三次根号下的代数式都变成了完全立方式，因而问题的证明就变得十分简单了。

**证明** 令 $x=\sqrt{\frac{8a-1}{3}}$，则 $a=\frac{3x^2+1}{8}$，

$$\sqrt[3]{a+\frac{a+1}{3}\sqrt{\frac{8a-1}{3}}}+\sqrt[3]{a-\frac{a+1}{3}\sqrt{\frac{8a-1}{3}}}$$

$$=\sqrt[3]{\frac{3x^2+1}{8}+\frac{x^2+3}{8}\cdot x}+\sqrt[3]{\frac{3x^2+1}{8}-\frac{x^2+3}{8}\cdot x}$$

$$=\frac{1+x}{2}+\frac{1-x}{2}=1。$$

### 3. 去高斯符号

$[x]$表示不超过 $x$ 的最大整数，$\{x\}=x-[x]$。$[x]$与$\{x\}$是数论中两个重要的函数。

**例 4** $x$ 为实数，记$\{x\}=x-[x]$（$[x]$表示不超过 $x$ 的最大整数），则方程 $2006x+\{x\}=\frac{1}{2007}$有几个实根？

**解** 将 $x=[x]+\{x\}$ 代入方程，得

$$2006[x]+2007\{x\}=\frac{1}{2007},$$

又 $0\leqslant 2007\{x\}<2007$，

所以 $[x]=-1$ 或 $[x]=0$。

若 $[x]=-1$，则 $\{x\}=\frac{2006\times 2007+1}{2007^2}=\frac{2007^2-2007+1}{2007^2}=1-\frac{2006}{2007^2}<1$，

所以 $x=-1+1-\frac{2006}{2007^2}=-\frac{2006}{2007^2}$。

若 $[x]=0$，则 $\{x\}=\frac{1}{2007^2}$，即 $x=\frac{1}{2007^2}$。

综上所述，方程有 2 个实根。$x_1=-\frac{2006}{2007^2}$，$x_2=\frac{1}{2007^2}$。

### 4. 去函数符号

在一些函数方程的问题中，涉及多重复合函数的，解题关键往往在于先设法逐步从高次复合的状态下解脱出来。

**例 5** 设 $f$ 和 $g$ 都是定义在正整数集 $\mathbf{Z}_+$ 上的严格递增函数，且 $f(\mathbf{Z}_+)\cup g(\mathbf{Z}_+)=\mathbf{Z}_+$，$f(\mathbf{Z}_+)\cap g(\mathbf{Z}_+)=\varnothing$，$g(n)=f(f(n))+1$，求 $f(240)$。这里 $\mathbf{Z}_+$ 是正整数集合，$f(\mathbf{Z}_+)$ 是 $f$ 的函数值集合。

**解** 由已知条件知 $f$，$g$ 的值互不重复，且对每一个正整数都有一个 $f$ 的值或 $g$ 的值和它相等。如果 $g(n)=m$，那么前 $m$ 个正整数中 $g$ 的值为 $g(1)$，$g(2)$，…，$g(n)$，共出现了 $n$ 次，其余 $(m-n)$ 个正整数都是 $f$ 的值。又 $g(n)=f(f(n))+1$，即比 $g(n)$ 小的一切 $f$ 的值中以 $f(f(n))$ 为最大，故小于 $g(n)$ 的 $f$ 的值有 $f(1)$，$f(2)$，…，$f(f(n))$，共 $n$ 个。所以 $f(n)=m-n$，即

$$g(n)=m=(m-n)+n=f(n)+n, \quad ①$$

从而有

$$f(f(n))=g(n)-1=f(n)+n-1。 \quad ②$$

注意到 $f(n)\geqslant n$，由①有 $g(n)\geqslant 2n\geqslant 2$，故只能有 $f(1)=1$，$g(1)=f(1)+1=2$，而 $g(2)\geqslant 4$，所以 $f(2)=3$，由递推关系②可逐次算出：

$$f(3)=f(f(2))=f(2)+2-1=3+2-1=4;$$
$$f(4)=f(f(3))=f(3)+3-1=4+3-1=6;$$
$$f(6)=f(f(4))=f(4)+4-1=6+4-1=9;$$
$$f(9)=f(f(6))=f(6)+6-1=9+6-1=14;$$
$$f(14)=f(f(9))=f(9)+9-1=14+9-1=22;$$
$$f(22)=f(f(14))=f(14)+14-1=22+14-1=35;$$
$$f(35)=f(f(22))=f(22)+22-1=35+22-1=56;$$
$$f(56)=f(f(35))=f(35)+35-1=56+35-1=90。$$

而 $g(35)=f(35)+35=56+35=91$，且由①知

$$g(n+1)-g(n)=f(n+1)-f(n)+1\geqslant 2,$$

从而有 $f(57)=92$，继续应用②得

$$f(92)=f(f(57))=f(57)+57-1=92+57-1=148;$$
$$f(148)=f(f(92))=f(92)+92-1=148+92-1=239;$$
$$f(239)=f(f(148))=f(148)+148-1=239+148-1=386。$$

而 $g(148)=f(148)+148=239+148=387$，且 $g(149)\geqslant g(148)+2=389$，所以 $f(240)=388$。

本题是数论中贝蒂定理的特例。

**贝蒂定理** 设 $\alpha$，$\beta$ 是正无理数，且 $\frac{1}{\alpha}+\frac{1}{\beta}=1$，记 $P=\{[n\alpha]\mid n\in\mathbf{Z}_+\}$，$Q=\{[n\beta]\mid n\in\mathbf{Z}_+\}$，则 $P\cup Q=\mathbf{Z}_+$，$P\cap Q=\varnothing$，这里 $[x]$ 表示不超过 $x$ 的最大整数。

# 上屋抽梯

荆州牧刘表的长子刘琦因受继母的猜忌而惶恐不安，乃向孔明求计："琦不见容于继母，幸先生一言相救。"孔明曰："亮客寄于此，岂敢与人骨肉之事？倘有漏泄，为害不浅。"说罢便要起身告辞。刘琦托辞请孔明鉴定一本古书，把孔明诱上高楼，泣拜曰："继母不见容，琦命在旦夕，先生忍无一言相救乎？"孔明作色而起，便欲下楼，只见楼梯已撤去。琦告曰："琦欲求教良策，先生恐有泄漏，不肯出言；今日上不至天，下不至地，出君之口，入琦之耳：可以赐教矣。"孔明被刘琦苦求不过，便向刘琦授计道："公子岂不闻申生、重耳之事乎？申生在内而亡，重耳在外而安。今黄祖新亡，江夏乏人守御，公子何不上言，乞屯兵守江夏，则可以避祸矣。"

刘琦使用了"上屋抽梯"之计，事见《三国演义》第三十九回。后来在第一百一回中，诸葛亮也用了"上屋抽梯"之计大败魏军，射死了魏军大将张郃。

上屋抽梯是《三十六计》的第二十八计。其计说："假之以便，唆之使前，断其援应，陷之死地。遇毒，位不当也。"意思是说：故意给敌人以可乘之机，诱使他盲目冒进，陷于绝境。

在数学史上有一个有名的被认为是上屋抽梯的故事。

人类很早就知道了一元二次方程的解法。我国公元1世纪左右成书的《九章算术》，已记载有某些形式的一元二次方程的解法。公元820左右阿拉伯数学家花拉子模，在《代数学》一书中给出了一般的一元二次方程的公式解。但是对三次、四次方程的解法研究却进展缓慢，直到公元15世纪，这仍然是个世界性的难题。

我国唐朝初年的数学家王孝通著有《缉古算经》一书，其中主要内容是探求三次方程的求解问题。他列出了 28 个形如 $x^3+px^2+qx=r$（$p>0$，$q>0$，$r>0$）的三次方程，王孝通在求解这些方程时提出的“开带从立方法”，更是一项卓越成就。它不仅是中国现存典籍中求解三次方程的最早记述，在世界数学史上也是关于三次方程数值解法及其应用的最古老的珍贵之作。13 世纪斐波那契才得出一个三次方程的近似解，比王孝通晚了近 600 年。

至于一般三次方程的代数解法，在公元 1500 年以前的漫长年代里，各国数学家对寻求三次方程的求根公式的研究一直没有取得突破性进展。虽然也曾找到过个别特殊方程的解法，但对一般情况人们还是束手无策。直到 1494 年数学家帕克里还宣称一般的三次方程是不可能解的。

大约在 1515 年波伦亚的数学教授费罗终于找到了形如

$$x^3+px+q=0$$

的三次方程的一般解法。但是这位教授对他的发现长期保密，没能对代数的发展起到应有的作用。

1530 年，布里西亚一位数学教师科拉向塔尔塔里亚提出了两个挑战性的问题：

问题一　试求一个数，其立方加上它的平方之三倍等于 5。

问题二　试求三个数，其中第二个数比第一个数大 2，第三个数又比第二个数大 2，三数之积等于 1000，求此三数。

两个问题就是要分别求三次方程：

$$x^3+3x^2=5;$$

$$x(x+2)(x+4)=1000 \text{ 或 } x^3+6x^2+8x=1000$$

的实数根。

塔尔塔里亚求出了这两道题的实根，但也对解法秘而未宣。费罗的学生菲俄听说塔尔塔里亚解出了科拉的三次方程，心中不服。他和塔尔塔里亚商定，于 1535 年 2 月 22 日在米兰大教堂进行公开的数学竞赛。塔尔塔里亚知道菲俄会拿一些三次方程来为难他，于是刻苦钻研，终于在竞赛前找到了解一般三次方程的办法。

竞赛当天，米兰大教堂热闹非常。比赛开始，双方各出了 30 个三次方程的题目，其中包括 $x^3+px=q$ 之类的难题。不到两个小时，塔尔塔里亚出人意料地宣布，30个题已全部解出。可是菲俄却一筹莫展，一个题也未解出。最后塔尔塔里亚以30∶0获得完胜。

塔尔塔里亚获胜之后，再接再厉，继续钻研。终于在1541年找到了一般三次方程的求根公式，打破了绵延七百多年的僵局。但他仍然不愿把他的发现公之于众。

在数学家卡当的恳切要求之下，并发誓对此保守秘密，塔尔塔里亚才把他的方法写成一首语句晦涩的诗告诉卡当。卡当根据塔尔塔里亚提供的诗，梳理出了他的证明。为了有利于数学的发展，之后，他违背了自己的誓言，把这个方法发表在他的《重要的艺术》一书中，在书中也提到他的方法来自塔尔塔里亚。尽管这样，千百年来人们对卡当的做法仍然颇有微词。其实数学的真理，早应公之于世，让全人类分享，卡当的做法也无可厚非。

下面我们介绍一下卡当公式的基本意义：

一般一元三次方程的形式如 $y^3+by^2+cy+d=0$，设 $y=x-\frac{b}{3}$，代入原方程后化简得：

$$x^3+\left(c-\frac{b^2}{3}\right)x+\left(\frac{2b^3}{27}-\frac{bc}{3}+d\right)=0。$$

令 $p=c-\frac{b^2}{3}$，$q=\frac{2b^3}{27}-\frac{bc}{3}+d$，得新方程：

$$x^3+px+q=0。\quad ①$$

因此，只需研究这样类型的三次方程就行了。

卡当的办法，是引入两个新变量 $t$ 与 $u$。令

$$\begin{cases} t-u=-q, & ② \\ tu=\left(\frac{p}{3}\right)^3, & ③ \end{cases}$$

由②$^2$+4×③得：$(t-u)^2+4tu=(-q)^2+4\left(\frac{p}{3}\right)^3$，

化简得：$(t+u)^2=q^2+4\left(\frac{p}{3}\right)^3$，

即 $$t+u=\pm\sqrt{q^2+4\left(\frac{p}{3}\right)^3} \quad ④$$

②与④联立，可得：

$$\begin{cases} t=-\dfrac{q}{2}\pm\sqrt{\left(\dfrac{q}{2}\right)^2+\left(\dfrac{p}{3}\right)^3}, \\ u=\dfrac{q}{2}\mp\sqrt{\left(\dfrac{q}{2}\right)^2+\left(\dfrac{p}{3}\right)^3}。\end{cases} \quad ⑤$$

这里 $t$，$u$ 只取正根。

卡当用几何方法证明：　　$x=\sqrt[3]{t}-\sqrt[3]{u}$。　⑥

将⑤⑥式结合起来可得到：

$$x=\sqrt[3]{-\frac{q}{2}+\sqrt{\left(\frac{q}{2}\right)^2+\left(\frac{p}{3}\right)^3}}+\sqrt[3]{-\frac{q}{2}-\sqrt{\left(\frac{q}{2}\right)^2+\left(\frac{p}{3}\right)^3}}。 \quad ⑦$$

这就是卡当公式。它又可以化简为：

$$x=\sqrt[3]{-\frac{q}{2}+\sqrt{D}}+\sqrt[3]{-\frac{q}{2}-\sqrt{D}}。 \quad ⑧$$

这里的 $D=\left(\dfrac{q}{2}\right)^2+\left(\dfrac{p}{3}\right)^3$ 称为三次方程的判别式：

$D>0$ 时，有一实根二虚根。$D<0$ 时，有三个实根。$D=0$ 时，若 $p=q=0$，有三重零根；若 $\left(\dfrac{q}{2}\right)^2=-\left(\dfrac{p}{3}\right)^3\neq0$，有三个实根，其中两个不相等。

三次方程①应当有三个根，但卡当只求出了实根，是不完全的。直到1732年欧拉才得到求出全部根的方法。如果 $\omega$，$\omega^2$ 表示 1 的两个立方虚根，即方程 $x^2+x+1=0$ 的两个根，则 $t$ 和 $u$ 的立方根写全了分别应为：

$$\sqrt[3]{t}，\sqrt[3]{t}\omega，\sqrt[3]{t}\omega^2 \text{ 和 } \sqrt[3]{u}，\sqrt[3]{u}\omega，\sqrt[3]{u}\omega^2。$$

这样，方程①的全部根应为：

$$x_1=\sqrt[3]{-\frac{q}{2}+\sqrt{D}}+\sqrt[3]{-\frac{q}{2}-\sqrt{D}},$$

$$x_2=\omega\sqrt[3]{-\frac{q}{2}+\sqrt{D}}+\omega^2\sqrt[3]{-\frac{q}{2}-\sqrt{D}},$$

$$x_3=\omega^2\sqrt[3]{-\frac{q}{2}+\sqrt{D}}+\omega\sqrt[3]{-\frac{q}{2}-\sqrt{D}}。$$

最后，由前设 $y=x-\dfrac{b}{3}$，则可求出一般一元三次方程的根（$y$ 值）。

# 关门捉贼

《三国演义》第九十回写到“烧藤甲七擒孟获”的故事。诸葛亮第六次释放孟获之后，孟获请得乌戈国主兀突骨率领三万藤甲军前来挑战，屯兵于桃花渡口。魏延引兵迎战，蜀兵的弩箭射不穿藤甲，刀砍枪刺，亦不能入。而蛮兵的利刀钢叉，则势不可挡，蜀兵大败。诸葛亮经过调查研究，定下了一条妙计。令魏延诈败，且战且走，已败十五阵，连弃七个营寨。蛮兵以为魏延真的已计穷力竭，大胆追进。终于被魏延引进了盘蛇谷。不见蜀兵，只见横木乱石滚下，垒断谷口。兀突骨令兵开路而进，忽见前面大小车辆，装载干柴，尽皆火起。兀突骨忙教退兵，只闻后军发喊，报说谷口已被干柴垒断，车中原来皆是火药，一齐烧着。兀突骨见无草木，心尚不慌，令寻路而走。只见山上两边乱丢火把，火把到处，地中药线皆着，就地飞起铁炮。满谷中火光乱舞，三万藤甲军无路可逃，尽被烧死于盘蛇谷中。

兀突骨中了“关门捉贼”之计。关门捉贼是《三十六计》中的第二十二计。其计主张：“小敌困之。剥，不利有攸往。”意谓让弱小的敌人逃跑，然后穷追，是很不利的。而应使敌人变成瓮中之鳖，釜中之鱼，无处躲闪。

数学中的穷举证法、抽屉原理等，都有关门捉“贼”思想的体现。当然这里的“贼”是指数学问题中的答案、结论、数据、关系等。

有一个叫作“捉乌龟”的游戏：

一副扑克牌去掉大小王后，再取出其中一张放到一边，其余的51张牌一定可以两两成对，只有一张没有牌配对，叫作乌龟。然后由两位游戏者轮流抓牌，抓完牌后两人都把自己手中的“对子”全甩出来，最后两人手中都只剩下一些没有配对的单牌。请你猜一猜，乌龟在谁的手上？

乌龟一定在剩下的牌多一张者的手上。因为两人手中的单牌还可以一一配对，只有乌龟没有牌与之配对，所以它一定在多一张牌者手中。

许多有趣的数学问题常可用关门捉贼的思想解决。在使用这一方法解题时，首先要设计出合理的“门”，既要使“贼”无法逃出门外，又要使捕捉简便易行。有时列一个表，画一个图，也成了关住的门。

**例 1**　有一路公共汽车，包括起点站与终点站共 15 个站。如果除终点站外，每一站上车的乘客中，恰好各有一名在以后的每一站下车。为了保证所有乘客都有座位，问这辆公共汽车至少要有多少座位？

**分析**　我们容易想到 15 个车站中间的第八站是关键。

在第八站，前面 7 个车站已有 7 批乘客上了车，这 7 批乘客中每一批都恰有一人下车，下车总人数为 7；而在第八站上车的乘客在以后的 7 个站每站恰有一人下车，上车的乘客也恰好是 7 人。增加的人数为 0，等于上车的门关了，此时车上的乘客达到了最高峰。只要车上的座位数不少于第八站时车上的乘客数，就能保证所有乘客都有座位。为了计算在第八站时车上的乘客数，不妨从第一站起逐站考虑：

第一站：上 14 人，下 0 人，增加 14 人；

第二站：上 13 人，下 1 人，增加 12 人；

第三站：上 12 人，下 2 人，增加 10 人；

……

由此可见，各站增加人数从 14 开始，以后逐站减少 2 人，前七站车上增加的人数依次是 14，12，10，8，6，4，2，到第八站时，车上人数保持最高峰。此时车上有

$$14+12+10+8+6+4+2=56(\text{人})。$$

因此，如果车上有 56 个座位，就会保证人人都有座位。

**例 2**　传说古代有一位国王，生了一位如花似玉的公主约瑟芬，她不仅美丽绝伦，而且才华出众。宫廷里有一条铁定不移的祖传规矩，每一位公主到了 17 岁时必须出嫁，她们的丈夫，都必须严格地按照这样的程序决定：首先由公主与大臣们共同商定，从众多求婚者中挑选出 10 人，作为初步的入围者，然后在大庭广众之中让这 10 人围绕公主排成一个圆圈，由公主根

据自己的意愿以任一人为起点，按逆时针方向逐个地、周而复始地数到17，这个被数到17的人即被淘汰出局。如此继续，直到最后剩下的一人成为公主的丈夫。但是约瑟芬公主早已心仪乔治，乔治作为初选入围的10人固然没有问题，但是下一步公主怎样保证他不遭淘汰呢？

**分析** 在人数不多的情况下，可用列表法逐步推算，每数一轮，淘汰1人，就等于经过了一道门，最后剩下的1人要过九道门。

| 轮数 | 尚存人数 | 起数号 | 出局号 |
| --- | --- | --- | --- |
| 第一轮 | 1，2，3，4，5，6，7，8，9，10 | 1 | 7 |
| 第二轮 | 8，9，10，1，2，3，4，5，6 | 8 | 5 |
| 第三轮 | 6，8，9，10，1，2，3，4 | 6 | 6 |
| 第四轮 | 8，9，10，1，2，3，4 | 8 | 10 |
| 第五轮 | 1，2，3，4，8，9 | 1 | 8 |
| 第六轮 | 9，1，2，3，4 | 9 | 1 |
| 第七轮 | 2，3，4，9 | 2 | 2 |
| 第八轮 | 3，4，9 | 3 | 4 |
| 第九轮 | 9，3 | 9 | 9 |

最后剩下的是3号，所以约瑟芬公主第一轮开始时，只要从乔治左边的第二人数起，最后留下的一定是乔治。

这个问题称为约瑟夫斯问题。

**例3** 求证：九个连续自然数任意地分成两组，必有一组含三个能构成等差级数的数。但是，可以把八个连续自然数适当地分成两组，使每一组中的任何三个数不能构成等差级数。

**分析** 不妨碍一般性，可设9个连续整数为1，2，3，4，5，6，7，8，9。把它们任意分成$A$、$B$两组后，其中必有一组至少含有三个奇数，不妨设$A$组中至少有三个奇数。不难检验，在五个奇数中取三个的10种组合中，只有6种不能构成等差级数，它们是：

(1)1，3，7； (2)1，3，9； (3)1，5，7；

(4)1，7，9； (5)3，5，9； (6)3，7，9。

如果包含 1，3，7 的 $A$ 组中没有三个数能构成等差级数，则 $2\in B$，$4\in B$，$5\in B$，可知 $6\in A$，从而 $8\in B$，由此得出 $B$ 中的 2，5，8 构成等差级数。对其他 5 种情况可以类似地讨论。

至于后一结论，可把$\{1, 2, \cdots, 8\}$分成$\{1, 4, 5, 8\}$和$\{2, 3, 6, 7\}$两组，则每组中任三个数不能构成等差级数。后一结论成立。

将这个命题加以推广：

对于任意给定的正整数 $m\geqslant 2$ 和 $n\geqslant 2$，求最小正整数 $W(m, n)$，使得把 $W(m, n)$个连续正整数任意地分成 $m$ 类，必有一类含 $n$ 个能构成等差级数的数。$W(m, n)$称为 $m$，$n$ 的范德瓦尔登数(Van der Waerden)数。由本例知 $W(2, 3)=9$。至于求一般的 $W(m, n)$是很困难的问题。

**例 4**　求一个三位数 $abc$，$a$、$b$、$c$ 是不同的数字，使它的数字满足方程：$a^2-b^2-c^2=a-b-c$。

**分析**　将原方程变形为：

$$a(a-1)=b(b-1)+c(c-1)。 \qquad ①$$

由于 $a$，$b$，$c$ 都是互不相同的数，且 $a\neq 0$，形如 $a(a-1)$的数只有 9 个，易于列举出来，然后观察有哪三个数满足①式即可。

形如 $a(a-1)$的 9 个数是：

$$\begin{aligned}&9\times 8=72，8\times 7=56，7\times 6=42，6\times 5=30，5\times 4=20，\\&4\times 3=12，3\times 2=6，2\times 1=2，1\times 0=0。\end{aligned} \qquad ②$$

对②中的数逐一检验，有且仅有：

$72=42+30=30+42$，即 $a=9$，$b=7$，$c=6$ 或 $a=9$，$b=6$，$c=7$；

$42=30+12=12+30$，即 $a=7$，$b=6$，$c=4$ 或 $a=7$，$b=4$，$c=6$。

所以，原方程的四个解分别是：976，967，764，746。

# 无中生有

《三国演义》第三十六回写到“元直走马荐诸葛”的故事。刘备自从得到了徐庶的辅佐后，几次打败了曹操的大将曹仁，并夺取了樊城。曹仁与李典逃回许都见曹操，泣拜于地请罪，具言损将折兵之事。曹操听说是因为有徐庶为刘备出谋划策，便用程昱之计，派人星夜把徐庶母亲找来，厚礼相待，请她写信召唤徐庶。但遭到徐母的拒绝，还痛骂了曹操一番。曹操大怒，要杀掉徐母，被程昱劝阻。程昱用计赚得了徐母的笔迹，便伪造了徐母给徐庶的一封家书，把徐庶骗去许昌。徐庶临走时向刘备推荐诸葛亮，留下了“走马荐诸葛”的佳话。徐庶到了许昌，方知受骗，徐母极端悲愤，自缢而亡，徐庶抱恨终身，虽身在曹营，但终身不为一谋。

程昱用“无中生有”之计骗来了徐庶。无中生有是《三十六计》中的第七计，其计云：“诳也，非诳也，实其所诳也。少阴、太阴、太阳。”其大意是说：制造假象以欺骗敌人，但不是一假到底，假的后面有真为其背景，要由假变真，由虚到实。

无中生有一般用作贬义词，但在数学中则可指一种创新能力。

在解平面几何题时，很多时候都需要添加辅助线。辅助线的作法千变万化，没有一定的方法可以遵循，这是几何证题中的难点。解几何题时作辅助线，就是一种“无中生有”的技能。

在几何证明中作辅助线大致有下面几种作用：

## 1. 揭露作用

许多对证题有用的条件，往往并非一目了然，而是隐含在题设的条件之中，作辅助线的目的之一就是为了揭露这些有用的条件，使其便于发现和应用。

**例 1** 在正方形中找一个面积最大的内接正三角形和一个面积最小的内接正三角形，并证明你的结论。

**分析** 如图 1，设$\triangle EFG$为正方形$ABCD$的内接正三角形，易知$E$、$F$、$G$必分布在不同的三边上。正三角形有丰富的特性，如三边相等、三线合一等，解题之前不能不加以仔细考察。例如高$FK$垂直平分$EG$，从而可发现$B$，$E$，$K$，$F$和$F$，$K$，$G$，$C$分别四点共圆。于是$\angle BCK=\angle FGE=60^\circ$，$\angle CBK=\angle FEG=60^\circ$，$\triangle BCK$为正三角形，$K$为定点。作辅助线$BK$和$CK$以定出$K$，就揭露了问题的本质，找到了解题的路线。$EG$既是以$K$为中点的线段，故当$GE /\!/ AD$时，$S_{\triangle EGF}$最小，而当$G$重合于$D$(或$E$重合于$A$时)，$S_{\triangle EGF}$最大。

图 1

## 2. 汇聚作用

有些几何题条件和结论的图形分布在不同的位置上，条件分散，联系松散，因而需要将其中一部分移动，使条件集中以便于推证。这种移动可通过平移、旋转等几何变换表现出来。

**例 2** 已知：$AM$是$\triangle ABC$中边$BC$上的中线，任作一直线分别交$AB$、$AC$、$AM$于$P$、$Q$、$N$。求证：$\frac{AB}{AP}$、$\frac{AM}{AN}$、$\frac{AC}{AQ}$成等差数列。

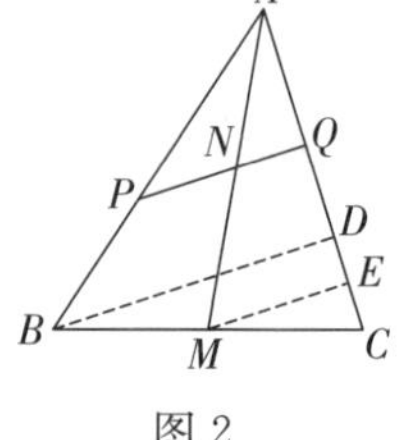

图 2

**分析** 题目要证$\frac{AB}{AP}+\frac{AC}{AQ}=2\frac{AM}{AN}$。因为$\frac{AB}{AP}$、$\frac{AM}{AN}$、$\frac{AC}{AQ}$三个比分布在三条直线上，难于进行比较，心需设法把它们集中到同一条直线上去，例如把$P$、$B$、$N$、$M$都设法转移到$AC$上去。

如图 2，过$B$、$M$分别作$BD$、$ME$平行于$PQ$，交$AC$于$D$、$E$，则$\frac{AB}{AP}=$

$\frac{AD}{AQ}$，$\frac{AM}{AN}=\frac{AE}{AQ}$，三个比都集中到 $AC$ 上了，这时：

$$\frac{AB}{AP}+\frac{AC}{AQ}=\frac{AD}{AQ}+\frac{AC}{AQ}=\frac{AD+AC}{AQ},\ 2\frac{AM}{AN}=2\frac{AE}{AQ}=\frac{2AE}{AQ}.$$

因此只要转证 $AD+AC=2AE$，或 $(AE-DE)+(AE+EC)=2AE$，即 $DE=EC$。

### 3. 构造作用

当我们按照某种既定的思路解题时，有时必须用到某种图形，而这种图形并未在原图中出现，此时就要构造出这种图形使解题顺利进行。

**例 3** 如图 3，一圆过平行四边形 $ABCD$ 的顶点 $A$，交 $AB$、$AC$ 及 $AD$ 的延长线于 $P$、$Q$、$R$。求证：$AP\cdot AB+AR\cdot AD=AQ\cdot AC$。

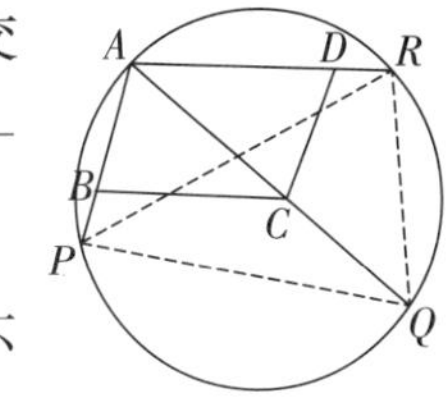

图 3

**分析** 本题的结论在形式上类似于托勒密定理，故不妨设想可用托勒密定理来证明。为此就需要构造一个与 $AB$、$AC$、$DA$ 都有联系的圆内接四边形，因而想到连接 $PQ$、$RQ$ 后构成圆的内接四边形 $APQR$，于是：

$AP\cdot RQ+AR\cdot PQ=AQ\cdot PR$。

比较两个等式，只要证明 $\frac{AB}{RQ}=\frac{AD}{PQ}=\frac{AC}{PR}$ 即可。注意到 $AD=BC$，只要能证明 $\triangle ABC\backsim\triangle RPQ$ 即可，而这是十分明显的。

### 4. 转化作用

有时为了转化命题，需要作辅助线来完成这种转化，或者转化后的等价命题需要新的图形，必须通过辅助线来作出。

**例 4** 求证：(1)面积等于 1 的三角形不能被面积小于 2 的平行四边形所覆盖。

(2)面积等于 1 的凸多边形一定能被面积等于 2 的平行四边形覆盖。

**分析** 这个问题的表现形式比较生疏，不利于证明，但如果把(1)转化为它的等价命题：

"$\triangle PQR$ 的顶点在 $\square ABCD$ 的内部（包括在边界上），则 $S_{\triangle PQR} \leqslant \frac{1}{2}S_{\triangle ABCD}$。"

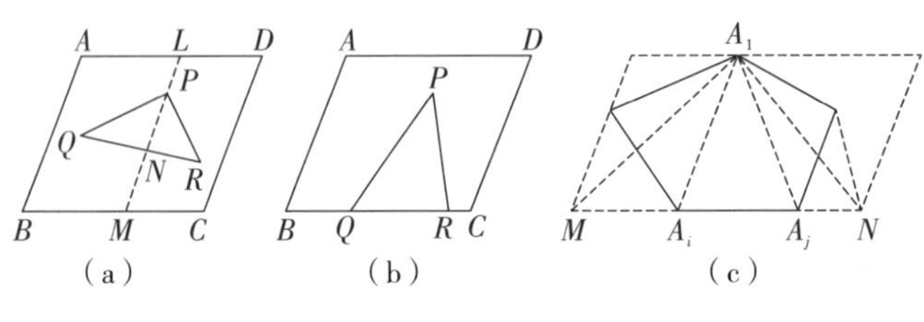


图 4

命题这样一转化就好处理得多了，对于像图 4(b)那样的特殊情况，即三角形的底边在平行四边形的一边上时，显然有：$S_{\triangle PQR} \leqslant \frac{1}{2}S_{\triangle ABCD}$。

至于图 4(a)那种情况，只要过 $P$ 作平行于 $AB$ 的直线，分别交 $AD$、$QR$、$BC$ 于 $L$、$N$、$M$，则转化为两个图 4(b)的情况。

对于命题(2)，则可转化为命题(1)来处理(图 4(c))。

## 5. 桥梁作用

如果图形中的条件和结论之间，或者图形中有关元素之间缺乏直接联系，但只要添加适当的辅助线，就可使它们之间的关系密切起来，辅助线便起着桥梁的作用。

**例 5** 已知$\triangle ABC$ 三边的长是连续整数，最大角是最小角的 2 倍，求三边的长。

**分析** 设$\angle ACB=2\angle A$，则 $BC<AC<AB$。若设$AC=x$，则 $BC=x-1$，$AB=x+1$。如能建立关于 $x$ 的方程，问题就比较容易解决了。为此，只要作一条辅助线，使三边之间具有一些等量关系即可。

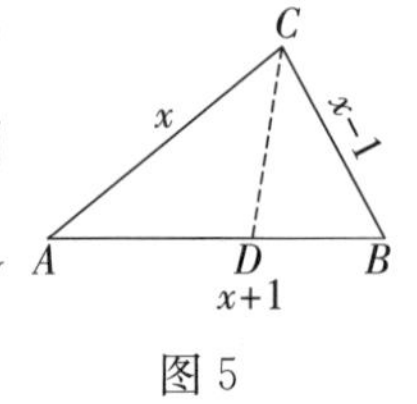


图 5

由$\angle ACB=2\angle A$，我们想到作$\angle ACB$ 的平分线 $CD$，易得：

$$\triangle ABC \backsim \triangle CBD，\triangle ACD \backsim \triangle BCD，$$

则$\frac{BD}{BC}=\frac{BC}{AB}$，即 $BD=\frac{BC^2}{AB}=\frac{(x-1)^2}{x+1}$，

由$\frac{AD}{BD}=\frac{AC}{BC}$，得$\frac{AD+DB}{BD}=\frac{AC+BC}{BC}$，即$\frac{AB}{DB}=\frac{AC+BC}{BC}$。

因此$\frac{x+1}{\frac{(x-1)^2}{x+1}}=\frac{2x-1}{x-1}$，

化简，得 $x^2-5x=0$。

因为 $x\neq0$，故解得 $x=5$。于是三角形三边分别为 4、5、6。

**例 6**　下面这个问题来自高中数学竞赛试题，没有一点无中生有的想象力，还真不容易做出来呢。

设在一环形公路上有 $n$ 个汽车站，每一站存有汽油若干桶(其中有的站可以不存)。$n$ 个站的总存油量足够一辆汽车沿此公路行驶一周，现在让一辆原来没有油的汽车按逆时针方向出发，每到一站即把该站存油全部带上(出发的站也如此)。试证：在 $n$ 个车站之中至少有一站，可以使汽车从这站出发环行一周，不至于中途因缺油而停车。

**分析**　我们不妨来一个无中生有的想法：汽车在沿途任何一个地方都可随意“借”到汽油，今汽车从任何一个有油的车站 $A_1$ 出发，行至 $B_1$($B_1$ 不一定是车站)无油而停车，于是借油 $m_1$ 行至下一个有油的车站 $A_i$，从 $A_i$ 带上存油出发，行至 $B_2$ 又无油而停车，再借油 $m_2$ 行至下一个有油站 $A_j$，从 $A_j$ 带上存油继续前进，…，如此下去，设共借油 $k$ 次而到达 $A_t$，从 $A_t$ 直达 $A_1$ 不再缺油，这时共借油：

$$m=m_1+m_2+\cdots+m_k。$$

由题设各站存油量的总和足可使汽车从 $A_t$ 至 $A_1$ 环行一周，车上必有存油足可偿还所借的油 $m$。因此，若从 $A_t$ 出发，可环行一周而不至于中途停车。

**例 7**　不仅在解题时用上“无中生有”的思想，数学家还特意编造了一些解题时需要“无中生有”的数学问题。在下面这个算式中把所有的数字隐藏起来了(这类题目称为虫食算)：

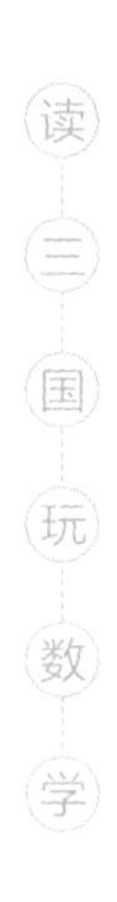


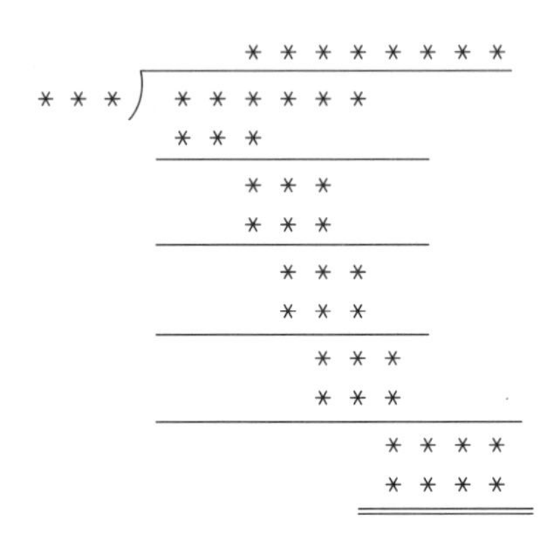

请你运用逻辑推理“无中生有”地把这个算式恢复原来的面貌。

**分析**　除式中没有一个数字，从什么地方入手考虑呢？

首先，从算式中倒数第二行知，在 $D$ 后补了三位 0 才能得商数的最末一位 $A$，故知商中倒数的第二、第三两个数字都是 0。

```
          x x x x.x 0 0 A
x x B ) x x x x x x
        x x x
          x x x
          x x x
            x x x
            x x x
              x x 0
              x x C
                D x x x
                D x x x
```

其次，在算式倒数第三行中，$C$ 不能为 0。若 $C=0$，则 $D=0$，说明到此已经除尽，再往下做已无必要，与原题算式的结构不符，所以 $C\neq 0$。

再次，因为 $D000=D\times 1000=D\times 2^3\times 5^3=A\times$ 除数，因此，除数中至少包含因数 5，它的个位数字 $B$ 必然是 5 或 0。若 $B=0$，则 $C=0$，与 $C\neq 0$ 矛盾，所以 $B=5$。于是除数是一个奇数不会再含有因数 2，从而 $A=2^3=8$，$C=5$，$D=5$。

最后，由 $A\times$ 除数 $=8\times$ 除数 $=D000=5000$，知除数 $=5000\div 8=625$。

因为 $625\times 2=1250$，已经是四位数，所以商数中的数字除 $A=8$ 外，其余都是由三位数或两位数除以 625 而得，只能是 1 或 0，所以商数应为 1011.1008。从而被除数为：$1011.1008\times 625=631938$。

# 假痴不癫

《三国演义》第四十九回写周瑜突然生病，诸葛亮前往探视。诸葛亮看出周瑜并非真的有病，便曰："连日不晤君颜，何期贵体不安!"周瑜回答说："'人有旦夕祸福'，岂能自保?"孔明马上知道了周瑜生病的原因，便笑道："'天有不测风云'，人又岂能料乎?"周瑜一听大惊失色，知道诸葛亮已经了解自己生病的原因了。只好继续装糊涂，请诸葛亮开个药方。诸葛亮便给周瑜开了一个秘方："欲破曹公，宜用火攻；万事俱备，只欠东风。"至此，周瑜已无法再隐瞒下去，只好将自己的心思和盘托出，诚心请诸葛亮帮忙。当诸葛亮表示可以帮周瑜祭东风以烧曹兵时，周瑜一方面为解决了火攻的最大难题而高兴，另一方面又感到诸葛亮处处超过自己，一定要把他杀掉，不能留下后患。但是周瑜的阴谋并没有逃过诸葛亮的眼睛，料定在东风祭起之后，周瑜一定会派人来杀他，所以事先就周密安排好了祭完东风之后从七星坛上逃走的计划。周瑜却蒙在鼓里，一点也没有察觉。周瑜派去捉杀孔明的大将徐盛、丁奉眼睁睁地看见诸葛亮逃回江北去了。

周瑜与诸葛亮两人都使用了装痴卖傻，麻痹对手，待机而动的计谋。此计被《三十六计》列为第二十七计，叫作假痴不癫之计。其计曰："宁伪作不知不为，不伪作假知妄为。静不露机，云雷屯也。"意谓宁可装作无知无为，不要不懂装懂而轻举妄为。

假痴不癫之计在《三国演义》中多处使用，在交通阻隔，信息闭塞的三国时代，假痴不癫之计有时确能造成假象，麻痹对手。但在大数据时代的今天，一切靠数据说话，这种计谋还有作用吗？不过数据是可以伪造的，即使是客观的数据，由于统计或处理方法的不同，似真实假，似傻实精，也很容易使人造成错判，发生失误。下面几个数学中的实例，可以让你看到这类现象。

在统计学中，数据是真实的，但由于统计方法的不同，可能有大相径庭的结论。我们来看一个简单的统计问题：

某工厂有 5 个股东，100 个工人，工厂股东的总利润和工人工资总额为：

| 年度 | 工人工资总额/万元 | 股东总利润/万元 |
|---|---|---|
| 1990 年 | 10 | 5 |
| 1991 年 | 12.5 | 7.5 |
| 1992 年 | 15 | 10 |

这里的项目并不多，数据也不算复杂，但由于统计方法的不同，同样是这一组数据，却可以画出三种不同的统计图表：

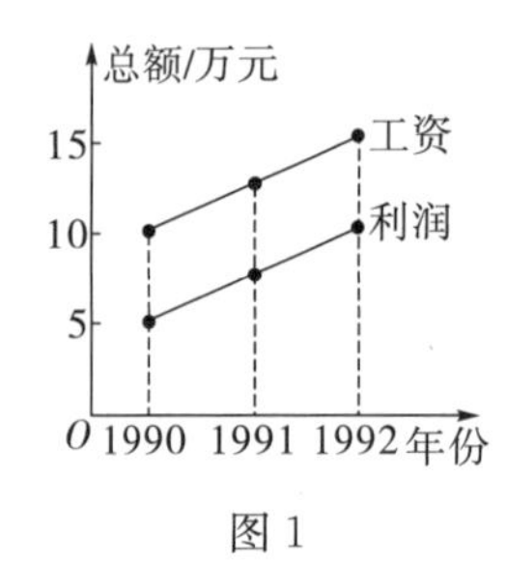

图 1

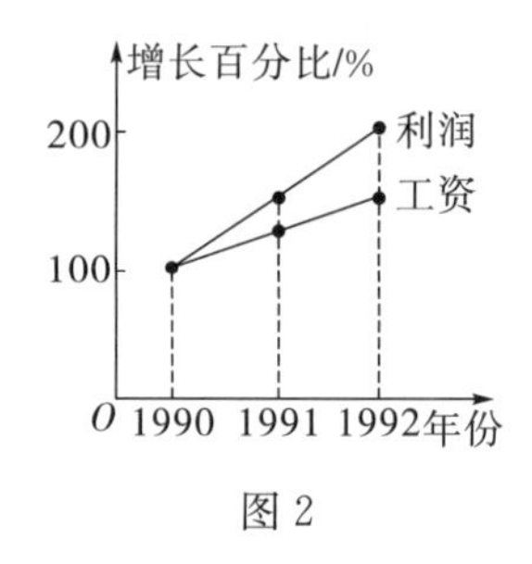

图 2

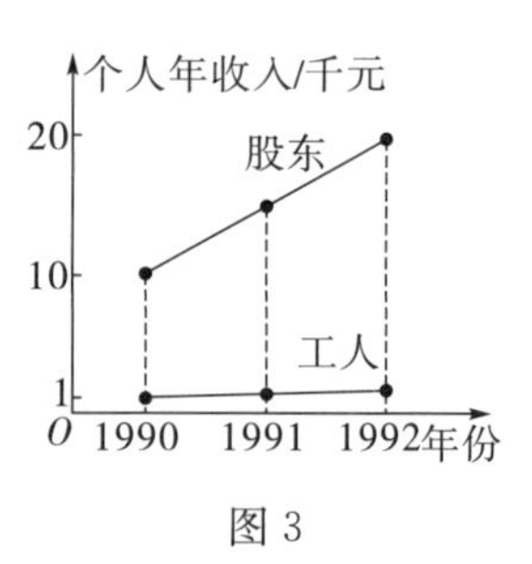

图 3

图 1 表明：股东总利润与工人工资总额平行增长；

图 2 表明：股东利润增长的比例高于工人工资增长的比例，但相差并不大；

图 3 表明：股东人均获利远高于工人的平均工资。

根据不同的三种统计结果，老板会说，股东的利润与工人工资平行增长，他们没有得到特殊的利润，工人则会认为，股东的人均利润大大高于工人的平均工资，太不公平。谁是谁非，孰真孰假，你如何判断呢？

**例 1**　一位教授给学生布置了一道这样的家庭作业：

回家之后，将一枚硬币投掷 200 次，并将正反面出现的结果记录下来；如果你懒于投掷，可以假装投掷了硬币，然后编造 200 个不同的数据。

第二天，他查看学生们的家庭作业。让学生们感到惊讶的是，假痴不癫的教授竟然很轻易地发现哪些学生的投掷结果是编造出来的。

教授是怎样发现造假的结果的呢?因为他发现一个现象:在投掷硬币的试验里,在连续 200 次的投掷中,正面或反面连续 6 次或 6 次以上出现的概率是非常高的,他曾经获得一些实际数据的支持。绝大多数学生当然都不知道这点,他们在伪造结果的时候,不大愿意将超过 4 个或 5 个连续正面或反面的情况放进去,认为这样的结果出现的概率是极低的。因此,如果学生报告里没有看到硬币正面或反面连续 6 次朝上的情况,那么这份报告是伪造的可能性就非常大。

**例 2** 从远古到今天,数学家都很重视圆周率 $\pi$ 值的计算。著名科学史家李约瑟在《中国科学技术史·第三卷·数学》中说:"$\pi$ 值的日益精确,可作为各时代的数学才能的量度。"从公元 3 世纪到 15 世纪,以刘徽和祖冲之为代表的中国数学家在圆周率研究上取得了杰出成就。刘徽首创"割圆术",用圆内接正多边形的面积来逼近圆的面积,然后通过面积公式计算出 $\pi$ 的近似值。祖冲之创造性地改进了刘辉割圆术的计算方法,把圆周率的小数位算到了第七位。这一成果,在世界上领先将近千年。

$\pi$ 值的人工计算是极其困难的,但是有数学家却告诉你,你根本不需要计算,做几个简单的实验操作就可以了,信不信由你。

(1)1777 年法国数学家蒲丰发现了一个不需烦冗的计算就可算出 $\pi$ 的近似值的方法。在平面上画一组距离为 $d$ 的平行线,然后向平面任意投下一些长度为 $l=\frac{d}{2}$ 的小针,设投针的次数为 $n$,所投的针当中与平行线相交的针数为 $m$,那么

$$\pi\approx\frac{2ln}{dm}=\frac{n}{m}(\text{因 } d=2l)。$$

下面说明一下这个公式成立的理由:

如图 4,找一根铁丝弯成一个圆圈,使其直径恰恰等于平行线间的距离 $d$。可以想象得到,对这样的圆圈来说,不管怎么扔下,都将和平行线有两个交点。因此,如果圆圈扔下的次数为 $n$,那么相交的交点总数必然为 $2n$。

现在设想把圆圈拉直,变成一条长为 $\pi d$ 的铁丝。显然,这样的铁丝扔下时与平行线相交的情形要比圆圈复杂些,可能有 4 个交点、3 个交点、

2 个交点、1 个交点，甚至于都不相交。

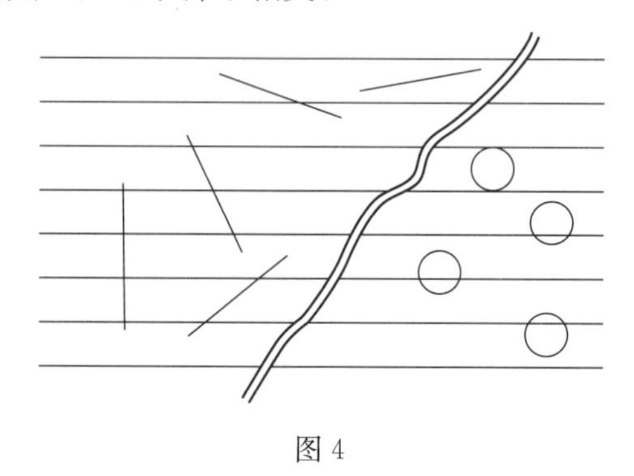

图 4

由于圆圈和直线长度同为 $\pi d$，根据机会均等的原理，当它们投掷次数较多而且相等时，两者与平行线组交点的总数期望也是一样的。这就是说，当长为 $\pi d$ 的铁丝扔下 $n$ 次时，与平行线相交的交点总数应大致为 $2n$。

现在转而讨论铁丝长为 $l$ 的情形。当投掷次数 $n$ 增大的时候，这种铁丝跟平行线相交的交点总数 $m$ 应当与长度 $l$ 成正比，因而有：$m=kl$，式中 $k$ 是比例系数。

为了求出 $k$ 来，只需注意到，对于 $l=\pi d$ 的特殊情形，有 $m=2n$。于是求得 $k=\frac{2n}{\pi d}$。代入前式就有

$$m\approx\frac{2ln}{\pi d},$$

从而

$$\pi\approx\frac{2ln}{dm}。$$

这就是著名的蒲丰公式！

(2)大约在 1904 年，查理斯(Chartres)做了下面的试验：

他让 50 名学生每人随机写出 5 对正整数，然后他统计所得到的 250 对正整数中，互素的有 154 对，得到概率$\frac{154}{250}$。而理论上计算两个随机正整数互素的概率为$\frac{6}{\pi^2}$，代入计算得：

$$\pi\approx\sqrt{6\times\frac{250}{154}}\approx3.12。$$

与真实的 $\pi$ 值接近。

# 数学中也玩空城计

“我正在城楼观山景，耳听得城外乱纷纷。旌旗招展空翻影，却原来是司马发来的兵……”喜欢京剧的人大概都听过京剧《空城计》里这段优美的唱腔。诸葛亮鹤氅纶巾，焚香操琴，悠然潇洒地在城楼“观景”。有谁知道，那是一场关系到生死存亡，家国命运的极大的冒险行为呢？

《三国演义》第九十五回写的是马谡失守街亭，诸葛亮被迫撤军的故事。司马懿十五万大军追至西城，这时孔明身边别无大将，只有一班文官，所引五千军，已分一半先运粮草去了，只剩二千五百军在城中。众官听得这个消息，尽皆失色。孔明登城瞭望，果然尘土冲天，魏兵正分两路望西城县杀来。无奈之中孔明忽生一计，传令将旌旗尽皆隐匿，大开四门，每一门用二十军士，扮作百姓，洒扫街道。如魏兵到时，不可擅动。却说司马懿前军哨到城下，见了如此模样，皆不敢进，急报与司马懿。懿笑而不信，遂止住三军，自飞马远远望之。果见孔明坐于城楼之上，笑容可掬，焚香操琴。左有一童子，手捧宝剑；右有一童子，手执麈尾。城门内外，有二十余百姓，低头洒扫，傍若无人。司马懿看毕大疑，竟然不敢攻城，下令全军撤退。诸葛亮得以转危为安，离开西城往汉中安全退去。

这就是妇孺皆知、古今传颂的“空城计”。

其实在数学中有时也会遇到像空城计一样的问题。一个题目摆在眼前，粗粗一看，无法捉摸，似乎深不可测，极易被它吓住，但仔细一想，原来十分简单易破，不过在玩空城计而已。

**例 1** 虚张声势的楼房号码

张先生是一位风趣的数学老师，学生们听说他搬了新家，纷纷发微信问他住几号楼，张先生并不正面回答，只上传了一个数学式子而没有一个字：

$$\sqrt[3]{x+\frac{x+8}{3}\sqrt{\frac{x-1}{3}}}+\sqrt[3]{x-\frac{x+8}{3}\sqrt{\frac{x-1}{3}}}。 \quad ①$$

学生们一见微信信息，都知道张先生住的是几号楼了。

请你想一想，张先生住的是几号楼？

因为张先生住的楼号应该是一个确定的正整数，所以我们猜想，①式中的 $x$ 不论用什么数代入，计算的结果都必须是一个常数。换句话说，用任意一个数，例如 1，代入①式，即得

$$原式=\sqrt[3]{1+0}+\sqrt[3]{1-0}=2。$$

那么张先生住的是 2 号楼。

不过猜想毕竟不能代替证明，现在我们来证明，①式的结果是一个定值。

先将原式换元，减少一重根号。令 $y=\sqrt{\frac{x-1}{3}}$，即得 $x=3y^2+1$，于是得

$$\begin{aligned}原式&=\sqrt[3]{(3y^2+1)+(y^2+3)y}+\sqrt[3]{(3y^2+1)-(y^2+3)y}\\&=\sqrt[3]{(1+y)^3}+\sqrt[3]{(1-y)^3}\\&=(1+y)+(1-y)\\&=2。\end{aligned}$$

可见①式的结果是一个定值，其值为 2。

**例 2**　开玩笑的电视节目

某篇文章说：电视节目《最强大脑》中有人能用口算算出 16 位数的 14 次方根，那可真是一个天才！

16 位数开 14 次方看来真吓人，能用口算算出来吗？

其实一个 16 位正整数的 14 次算术根取其整数部分的结果只有两个，利用对数，很容易证明这一结论：

设 $m$ 的 14 次方 $n$ 是一个 16 位的正整数，则有：

$$10^{15}\leqslant m^{14}<10^{16}。$$

取以 10 为底的对数，便有：

$$15 \leqslant 14\lg m < 16,$$

或者
$$\frac{15}{14} \leqslant \lg m < \frac{16}{14}。$$

因为$\frac{15}{14} \approx 1.0714$，$\frac{16}{14} \approx 1.1429$。查一下对数表，知：$\lg 11 \approx 1.0414$；$\lg 12 \approx 1.0792$；$\lg 13 \approx 1.1139$；$\lg 14 \approx 1.1461$。

因此 $m$ 只能是 12 或 13。

不熟悉对数的朋友，也可以用计算器直接验证：

$11^{14} = 379749833583241$（15 位数）；

$12^{14} = 1283918464548864$（16 位数）；

$13^{14} = 3937376385699289$（16 位数）；

$14^{14} = 11112006825558016$（17 位数）。

如果 $m$ 恰好是一个整数，那么当 $n$ 是偶数时，$m=12$；当 $n$ 是奇数时，$m=13$。

**例 3** 无法进行的考试

一位严厉的数学教师向学生宣布：在下周（星期一至星期五）的某天下午将进行考试。但他又告诉全班学生："你们无法知道具体是哪一天，只有到了考试那天的早上八点才会通知你们那天下午考试。"

学生听了之后，开始时有点紧张，但仔细一想之后，便不把它当作一回事了，谁也不去准备功课，复习应考。那场计划中的考试最终也没有举行。

你能算出是哪一天考试吗？其实哪一天考试都不可能。

原来这位老师讲的是一句空话，按照他所说的，根本不可能在任何一天举行考试。

首先，考试不可能在下周的最后一天即星期五进行，因为如果星期四早晨八点时老师还没有宣布考试时间的话，学生就一定能推出只有在星期五考试了。但老师说过，在考试的当天八点以前，学生不可能知道考试的日期。因此在星期五考试的可能性必须排除。星期五既已排除，星期四就成为可能举行考试的最后一天。根据同样的理由星期四也要排除。接下去星期三、星期二也不能考试。唯一可以考试的就只有星期一了，但学生既然知道了只有星期一能考试，那么星期一也就不能考了。所以按照老师的说法，考试是无法进行的。

由此可知，某些表面看似合情合理的话，由于违背了数学的规律而成为空话。

**例 4**　揠苗助长的十次方程

我国宋朝著名数学家秦九韶在其所著的《数书九章》里有一道几何计算题，用现代汉语来表述，其大意是：

如图 1，有一座圆形的城，不知它的直径是多少。东西南北四方都开有城门，北门 $D$ 外 3 里的地方有一株高大的乔木 $A$，出南门 $C$ 转向东行 9 里至 $B$ 点，恰好能望见乔木 $A$。那么圆城的周长和直径各是多少(取 $\pi=3$)？

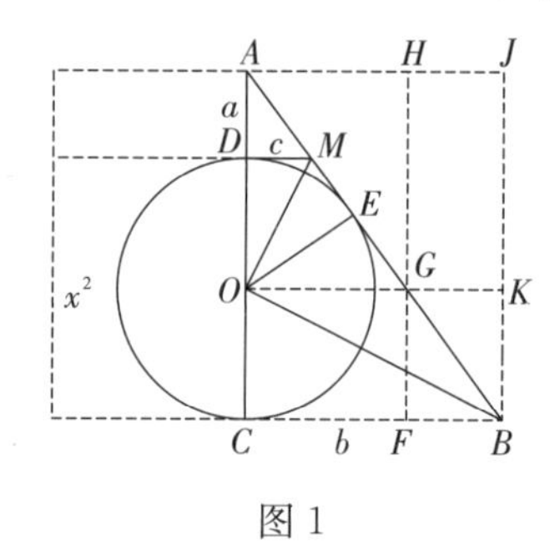


图 1

**解**：直径 9 里，周长 27 里。

设直径 $CD=x$，易知$\triangle OCB\backsim\triangle MDO$，

所以 $DM:OD=OC:CB$

即 $c:\frac{x}{2}=\frac{x}{2}:9$ 或 $x^2=36c$。

又由 $AD:AC=DM:BC$，有

$3:(3+x)=c:9$，从而 $c=\frac{27}{x+3}$。

将 $c=\frac{27}{x+3}$代入 $x^2=36c$ 中，得 $x^3+3x^2-972=0$。

秦九韶却故意设直径的平方根为 $x$，列出了一个十次方程：

$$x^{10}+15x^8+72x^6-864x^4-11664x^2-34992=0。\quad ①$$

作代换 $y=x^2$，则方程的次数可降低一半，得一五次方程：

$$y^5+15y^4+72y^3-864y^2-11664y-34992=0。 \quad ②$$

秦九韶的做法实在太奇怪了，后人对此颇有微词，认为秦九韶是“哗众取宠”“好高骛远”。其实这里还有较深层次的原因，在漫长的封建社会中，数学没有成为一门独立的“学”，而只是作为解决生产问题服务的“术”。我国唐初数学家王孝通就已经在《缉古算经》中利用“开带从立方法”解决了土石方工程中提出的求解三次方程的正根问题，但是由于没有需要求解更高次方程的实际问题，使得我国的方程理论未能从数学本身的发展轨道迅速前进。由于在长期的封建社会中生产力发展缓慢，新的实践问题提出很少，也缺乏深度，因而为解决它们而需要研究的数学模型很少，层次较低，相应的算法也发展缓慢。许多数学家不得不人为地编造一些“实际”问题来解决这个矛盾。秦九韶这样做也是不得已而为之，是为了“设为问答以拟于用”而故意揠苗助长，玩了一出空城计。